LA NUEVA GESTIÓN DEL MANTENIMIENTO INDUSTRIAL. E-MANTENIMIENTO Y TIC

MIGUEL ÁNGEL RODRÍGUEZ NÚÑEZ

LA NUEVA GESTIÓN DEL MANTENIMIENTO INDUSTRIAL. E-MANTENIMIENTO Y TIC

Miguel Ángel Rodríguez Núñez, es Ingeniero Técnico Industrial especialidad en Electrónica Industrial por la Escuela Universitaria Politécnica de Córdoba, Master en Ingeniería y Gestión del Mantenimiento y Master en Mantenimiento Industrial y Técnicas de Diagnóstico por la Universidad de Sevilla.

Quedan rigurosamente prohibidas sin la autorización escrita de los titulares del Copyright, bajo las sanciones establecidas en las leyes, la reproducción total o parcial de esta obra por cualquier medio o procedimiento, comprendidas la reprografía y el tratamiento informático, y la distribución de ejemplares de ella mediante alquiler o préstamos públicos.

© Miguel Ángel Rodríguez Núñez

ISBN 978-1-300-77376-4

Primera Edición Agosto 2013

Para Jorge...

semper cogitamus, semper animo
(siempre en nuestro pensamiento, siempre en nuestros corazones)

INDICE:

1	Introducción	10
2	Gestión del Mantenimiento hoy	12
3	E-mantenimiento, concepto	24
4	TIC para el E-mantenimiento, Ventajas y Oportunidades	32
5	Extensión de los sistemas de automatización	48
6	Los Sistemas de Ayuda al mantenimiento	50
7	La tecnología RFID (Identificación por Radiofrecuencia)	54
8	Nuevos sensores	58
9	Dispositivos y servicios móviles	60
10	Normas para la comunicación de datos e información	70
11	Internet y Datos	74
12	Arquitecturas de mantenimiento	76
13	Plataformas e infraestructuras de E-mantenimiento	80
14	Relaciones entre Arquitecturas de sistemas de mantenimiento	84
15	Arquitectura OSA-CBM	86
16	Los datos y el procesamiento de la información.	90
17	Semantic Web Services para distribuir el conocimiento.	106
18	E-mantenimiento y Gestión Económica.	108
19	Perspectivas futuras	114
20	Estudio de Caso 1	120
21	Estudio de Caso 2	138
22	Bibliografía complementaria	178

1. INTRODUCCIÓN

Con la creciente demanda actual en productividad, disponibilidad, seguridad, calidad del producto, satisfacción del cliente y la disminución de los márgenes de beneficios la importancia de la función de mantenimiento se ha incrementado. De hecho, la función de mantenimiento juega un papel crítico en una empresa para competir sobre la base del ajuste de los costes, la calidad y los plazos de entrega.

Para asegurar un producto de alta calidad a un precio competitivo se necesita una política de mantenimiento eficaz para mejorar globalmente la eficacia del proceso de producción, mientras que menos fallos y mejor control de la planta de producción ayuda a minimizar la contaminación y cumplir con las demandas de la sociedad.

En países donde las prácticas modernas de mantenimiento aún no han sido adoptadas por la industria, el ahorro potencial en mantenimiento es enorme. El mantenimiento moderno implica la identificación de, al menos, la causa raíz de los fallos de los componentes, la reducción de los fracasos de los sistemas de producción, la eliminación de los mantenimientos costosos, y la mejora de la productividad y la calidad.

Para apoyar esta función, el concepto de mantenimiento ha evolucionado del tradicional "fallar y arreglar" a las prácticas de mantenimiento de "Predecir y prevenir" incluyendo esto, por ejemplo, el impacto potencial en el servicio, la calidad del producto al cliente, y la reducción de costes. La ventaja del concepto "Predecir y prevenir" es que el mantenimiento se realiza sólo cuando el equipo llega a un cierto nivel de deterioro en lugar de después de un período específico de tiempo o uso, pasando de prácticas centradas en la medida del Tiempo medio entre fallos (MTBF) a tecnologías centradas en medir el tiempo medio entre la degradación (MTBD).

En este entorno, las TIC´s se convierten en actores esenciales del cambio de los antiguos sistemas de mantenimiento al nuevo concepto de e-mantenimiento como método de gestión.

2. GESTIÓN DEL MANTENIMIENTO HOY

La función de mantenimiento actualmente es fundamental para poder mantener la competitividad de las organizaciones. El Mantenimiento está cambiando de un centro de costes a un centro de beneficios, de hecho, sin equipos en buen estado, una planta se encuentra en desventaja en un mercado que exige productos de bajo coste y alta calidad para ser entregados rápidamente.

Los cambios en el entorno de producción han hecho la tarea de mantenimiento cada vez más compleja pues mayores niveles de automatización hacen del diagnóstico y la reparación de equipos una tarea más difícil. El alto coste de capital asociado a un equipo automatizado también pone mayor presión sobre la función de mantenimiento para reparar rápidamente el equipo y para prevenir los fallos que se produzcan.

Dentro del entorno de producción existen gran cantidad de factores que hacen más complejo el mantenimiento:

- **La fabricación diversa** (variabilidad de los patrones de demanda y la complejidad de los productos que se producen).
- **La diversidad de procesos** determinados por las características de la tecnología del proceso.
- **El acceso al lugar de los activos** de mantenimiento o la situación de inseguridad en relación con el tipo de

producción (por ejemplo, la energía nuclear, aeronáutica, espacial, en alta mar).

- **El crecimiento de las tecnologías de la información y la comunicación para poner en práctica innovadores soluciones que mejoran el funcionamiento y la práctica de mantenimiento.** La complejidad tiene un efecto directo sobre el procesamiento de la información de las necesidades de una organización. Una solución innovadora consiste en un conjunto de componentes específicos (hardware, software, híbridos) y recursos (por ejemplo, aplicaciones, servicios) que forman la infraestructura TIC para apoyar la automatización de la empresa en su conjunto. Cada infraestructura está compuesta de una o varias redes con servidores, estaciones de trabajo, aplicaciones, bases de datos, sensores inteligentes, PDA, etc.

- **El cumplimiento de la Misión del Mantenimiento debe estar en línea con el cumplimiento de las acciones de producción.** De esta manera, el mantenimiento requiere la cooperación con prácticamente todos los departamentos (producción, compras, ingeniería, contabilidad, recursos humanos, etc) de la planta y especialmente con el de producción. El mantenimiento tiene que ser visto como un elemento importante de un sistema que será desarrollado en asociación con los principales elementos de ese sistema y como parte del proceso de ingeniería en general.

- **El número de agentes de mantenimiento que participan en todo enfoque orientado a la gestión del ciclo de vida.** De hecho, frente al aspecto de la sostenibilidad, el mantenimiento no sólo tiene que ser considerado en las fases de producción y operación, sino también en todas las demás fases del ciclo de vida del proceso de mantenimiento. Uno de estos actores son los seres humanos y otros son los autómatas (CMMS, sensores, PLCs, etc.), estos actores son representativos del nivel estratégico (ERP y expertos en mantenimiento), nivel táctico (CMMS, MES, SCADA) y nivel operativo (PDA, operador de mantenimiento, MEMS, etc.)

- **La heterogeneidad y la complejidad de las acciones sustentadas por cada actor.** Por ejemplo, a partir de una observación obtenida de la monitorización realizada por un sensor o por un operador, es necesario analizar lo que ocurrió para identificar el origen de un fallo. Para esta actividad se necesitan materiales diversos como modelos, el Feed-back de la experiencia o la documentación técnica del activo.

Estos factores son hoy en día tomados más o menos en cuenta en la implementación de las estrategias de mantenimiento en las empresas. De hecho, la elección de la estrategia debe traducirse en una optimización, o mejor, en un compromiso entre el coste del mantenimiento directo y el coste del mantenimiento indirecto resultante de implementar la estrategia de la empresa.
En general, existen tres tipos de estrategias de mantenimiento:

- **La estrategia reactiva,**
- **la estrategia preventiva,**
- **la estrategia proactiva,**

Tradicionalmente, muchas empresas emplean una estrategia reactiva de mantenimiento, "la atención de las máquinas sólo cuando dejan de funcionar". Más recientemente, las TIC y la creciente especialización del personal de mantenimiento han llevado a algunas empresas a replantearse este tipo de enfoque reactivo. La estrategia proactiva para el mantenimiento utiliza técnicas de mantenimiento preventivo y predictivo, actividades para prevenir los fallos en los equipos.

El CBM (mantenimiento basado en condición) es una práctica que ilustra la estrategia de predicción y se refiere a la toma de decisiones y la realización de las tareas necesarias de un mantenimiento basado en la detección y seguimiento de los parámetros del equipo seleccionado, la interpretación de las lecturas, el informe del estado de deterioro y las alarmas importantes que anticipan el modo de fallo.

El CBM es el primer paso hacia la práctica de e-mantenimiento: integrar la posibilidad de que diferentes servicios remotos trabajen al unísono para crear una infraestructura de mantenimiento basada en red. Esta nueva filosofía permite que la consecución del cumplimiento del objetivo global de mantenimiento dependa de la colaboración obligatoria entre conocimientos humanos y / o sistemas automatizados a lo largo del ciclo de vida de los equipos.

El proceso de mejora continua de la gestión de mantenimiento debe concentrase en áreas que son consideradas de mayor impacto, hay que procurar apostar por la utilización de técnicas y tecnologías emergentes, sin descuidar aquellas que ya demostraron ser útiles para estas aplicaciones. En cuanto a la aplicación de nuevas tecnologías para el mantenimiento, se destaca el concepto "e-mantenimiento".

EL MANTENIMIENTO PREVENTIVO CONDICIONAL

Las exigencias impuestas por el mercado a las empresas aumentan continuamente, la complejidad de la producción es cada vez mayor y los sistemas de producción se utilizan hasta sus límites máximos. La interconexión con otras empresas es cada vez mas intensa y las reservas de tiempo y existencias se verán reducidas. A causa de ello, las paradas de máquinas derivan en elevados costes y los requisitos de fiabilidad de máquinas e instalaciones aumentan.

La industria del tratamiento y distribución de agua tiene que hacer frente al rápido crecimiento de la población y el desarrollo urbano que conlleva, como resultado, necesita expandir su capacidad y su nivel de producción al tiempo que enfrenta los siguientes desafíos:

- o Mayores requerimientos de sistemas más seguros.
- o Personal limitado para la demanda creciente.
- o Generación de múltiples normativas y regulaciones.
- o Creciente número de instalaciones sin atención.
- o Integración de nuevos procesos con procesos antiguos.

En un sistema de abastecimiento de tamaño medio-grande la localización geográfica de las instalaciones y su criticidad son dos importantes aspectos a tener en cuenta al diseñar un programa de mantenimiento preventivo. En las instalaciones donde se capta, abastece y distribuye el agua las bombas son el principal elemento y su estado determina el correcto funcionamiento de la instalación. Mantenerlas en las mejores condiciones será una necesidad y detectar anomalías con tecnologías preventivas sin necesidad de intervenir en ellas o pararlas un objetivo irrenunciable para garantizar un suministro de calidad a los usuarios del abastecimiento. Gracias a precisas medidas de mantenimiento es posible incrementar la disponibilidad de equipos y competitividad.

Fundamentalmente distinguimos tres tipos de mantenimiento:

- *Mantenimiento preventivo:* es este caso, los equipos se revisan periódicamente en determinados intervalos y los componentes, como p.e. los rodamientos, son sustituidos como medida de precaución. Por regla general, las reservas de desgaste no se agotan.

- *Mantenimiento correctivo:* es la reparación tras un fallo consabido, en este caso se deja funcionar la máquina más allá de su límite de desgaste. Los daños son reparados.

- *Mantenimiento preventivo condicional:* en este caso se supervisa el estado (=reservas de desgaste) de la máquina. El mantenimiento se efectúa en función del estado.

Podemos relacionarlos mediante el siguiente diagrama:

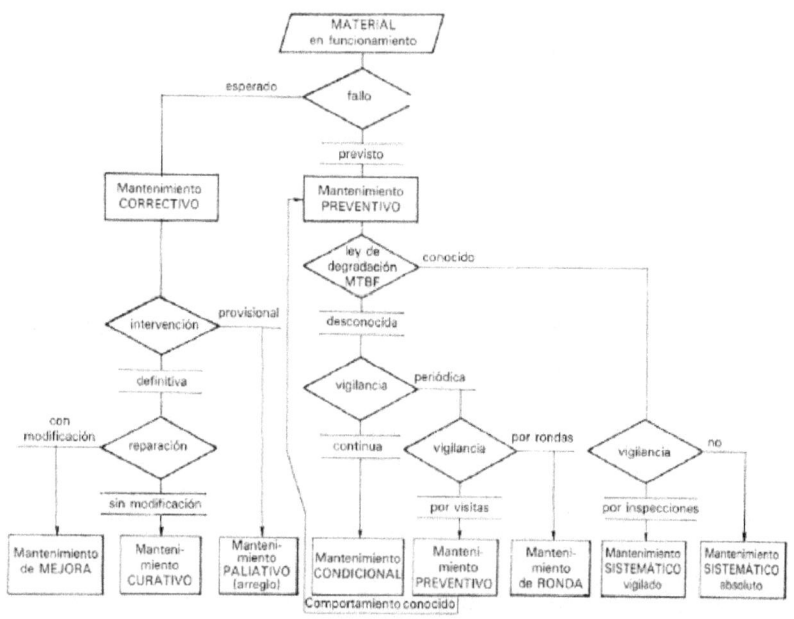

Figura 1 Grafos de las diferentes formas de mantenimiento.

Cuando hablamos de mantenimiento en tiempo real, nos referimos a una supervisión continua basada en sensores que aporta los fundamentos para un mantenimiento preventivo condicional.

La incorporación de sistemas de vigilancia y diagnóstico on-line para máquinas críticas conlleva las siguientes ventajas:

o Control continuo de variables críticas en la seguridad de la operación de la máquina, especialmente las que no se pueden predecir al 100% en los modelos de cálculo.

o Optimización de las condiciones de operación, siguiendo la máxima productividad con el menor consumo de vida de la máquina.

o Optimización de las paradas programadas y no programadas, disponiendo de información útil para realizar el mantenimiento preventivo-correctivo.

o En caso de incidente súbito, registro de variables y evolución de sucesos que facilitan la posterior investigación de lo ocurrido.

o Fácil gestión de repuestos, dado que el número de componentes diferentes en el sistema es mínimo.

o Reducción de costes de Operación y Mantenimiento.

o Aumento de la fiabilidad, disponibilidad y vida útil de la instalación.

o Mantenimiento de la calidad de producción durante el funcionamiento.

o Disminución de desechos debidos a paradas repentinas de máquinas.

o Posibilidad de consultoría externa a partir de los mismos datos obtenidos por el sistema. No requiere presencia en Planta de personal experto.

En particular se deben supervisar las máquinas críticas y los componentes con escasas reservas de aprovechamiento. Éstos disponen del mayor potencial a la hora de ahorrar costes y de mejorar la productividad. Los sensores inteligentes son la clave para la supervisión continua y la detección a tiempo de daños.

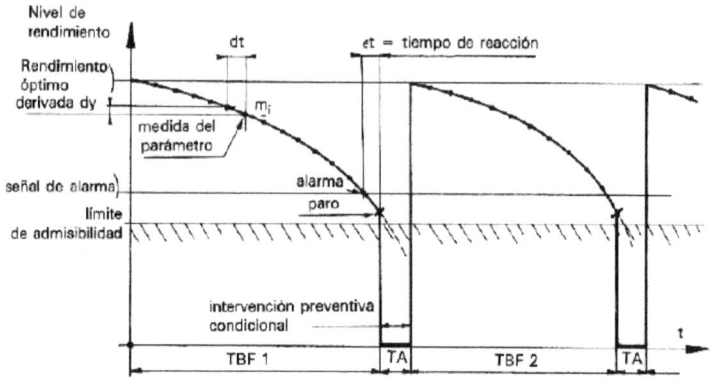

Figura 2 Ley de degradación innecesaria

La monitorización de condiciones como técnica de mantenimiento predictivo;

- o aumenta el conocimiento general del estado de nuestras máquinas

- o nos permite realizar el mantenimiento mediante una programación pro activa de los tiempos de la parada, la programación de la mano de obra y los materiales que debemos utilizar

- o permite anticiparnos a fallos futuros y realizar el mantenimiento cuando es necesario. Evaluaremos el estado de los componentes mediante técnicas de seguimiento y programaremos el mantenimiento sólo cuando sea necesario. Seleccionaremos el intervalo en el cual estimamos que funciona correctamente.

- o Necesitaremos mayor detalle en la instrumentación y mayor cantidad de datos para el análisis obteniendo una mayor facilidad para detectar las averías.

Un programa de mantenimiento basado en condiciones bien implementado afectará positivamente a los indicadores de rendimiento clave de nuestras instalaciones y de la producción:

- Aumento del Rendimiento Neto de Activos.
- Menores costes de inventario.
- Reducción de la cantidad de piezas de repuesto.
- Disminución o eliminación del mantenimiento programado.
- Aumento de la eficacia general de equipo (EGE= disponibilidad x velocidad x calidad).
- Mejora de la disponibilidad, velocidad, calidad y seguridad.
- Reducción del tiempo improductivo no previsto y la duración del tiempo improductivo planeado.

La información, cuando se trata de datos en tiempo real, es un activo con rango de valor estratégico dado el alto grado de competitividad que existe actualmente en todos los sectores, este valor pierde importancia conforme su adquisición y análisis se alarga en el tiempo.

VALOR ESTRATÉGICO DE LA INFORMACIÓN

Figura 3 valor estratégico de la Información.

Para obtener todos los beneficios de un programa de mantenimiento basado en condiciones se requieren no sólo conocimientos y un compromiso con el cambio sino también herramientas que le permitan adquirir y analizar la información y responder de una manera eficiente y pro activa a las necesidades del mantenimiento.

La base de nuestro sistema estará principalmente en la vigilancia de nivel de vibraciones y temperatura. El control y la vigilancia de la temperatura son dos de las aplicaciones más importantes de las técnicas de automatización y procesos. En general, la detección de la temperatura correcta es muy importante para la vigilancia de las instalaciones y la protección contra los estados peligrosos de la máquina, la calidad y la eficacia del proceso.

El diagnóstico de vibraciones proporciona la mayor parte de la información utilizada para la detección precoz de daños, así como la valoración de condiciones de funcionamiento. Los daños y estados de funcionamiento expuestos a continuación se pueden detectar, de forma segura e incluso en una fase inicial, con ayuda del diagnóstico de vibraciones:

- o Daños en rodamientos, acoplamientos y engranajes.
- o Procesos de fricción
- o Desequilibrios
- o Fallos de alineamiento
- o Cavitación en bombas.
- o Influencias externas (p.e. choques)
- o Desprendimientos de virutas

El hecho de que la supervisión tenga lugar de forma permanente y en tiempo real hace que podamos detectar tanto el caso de un lento desarrollo del fallo (p.e. daños en los rodamientos) como la avería que evoluciona rápidamente (desequilibrios en los ejes).

El empleo del análisis de las vibraciones mecánicas como método de mantenimiento predictivo en máquinas rotativas es una técnica que lleva siendo empleada con éxito desde hace muchos años en la industria. Al principio solo se utilizó de forma limitada, debido a los requisitos de procesado de señal necesarios para realizar un análisis completo. Sin embargo, fue a partir de la década de los años 80 cuando, con los avances realizados en la industria de la informática, comenzó su aplicación generalizada en gran parte de las instalaciones industriales.

Desde entonces ha habido grandes avances en las prestaciones de los equipos de mantenimiento predictivo, tanto en sus capacidades de análisis, como en su facilidad de uso. Sin embargo, la metodología de trabajo ha continuado siendo muy similar. Las máquinas incluidas en un plan de mantenimiento predictivo son medidas periódicamente, siendo sólo las máquinas especialmente críticas las que se monitorizan continuamente.

La revolución que se está produciendo en estos últimos años con las tecnologías de la información, ha afectado también al mantenimiento predictivo, y se han desarrollado nuevas tendencias en la toma y análisis de los datos de vibración.

3. E-MANTENIMIENTO, CONCEPTO

La aparición del e-mantenimiento está relacionada con dos factores principales:

_ La aparición de las tecnologías electrónicas que permiten un incremento de la eficiencia del mantenimiento para optimizar la continuidad del flujo de trabajo.

_ La necesidad de integrar el rendimiento del negocio, lo que impone los siguientes requisitos en el área de mantenimiento: la apertura, integración y colaboración con otros servicios de la empresa e introduce una nueva forma de pensar con respecto al mantenimiento.

Esto nos lleva a considerar que la cadena de valor del e-mantenimiento estará compuesta no sólo por los procesos de mantenimiento convencional sino también por nuevos servicios que están apareciendo de los requisitos del e-mantenimiento, como los procesos de negocio asociados al pronóstico de la degradación del activo.

EL e-mantenimiento más que como un mosaico de modelos, tecnologías y estándares tiene que ser considerado como un "sistema" y el desarrollo e integración de sistemas genera múltiples necesidades de interoperabilidad con otros sistemas y objetos. Por lo tanto, el e-mantenimiento transforma las empresas de fabricación en una empresa servicio que apoya a todos los clientes en cualquier lugar y en cualquier momento. Un conjunto integrado de elementos que cumplen un objetivo concreto.

El término e-mantenimiento surgió a principios de 2000 y ahora es un término muy común en la literatura relacionada con el mantenimiento. Sin embargo, todavía no está definido definitivamente en la teoría y la práctica actuales como se muestra por las siguientes diferentes definiciones de e-mantenimiento:

- "E-mantenimiento es la integración de los principios ya aplicados por el tele-mantenimiento (Ben-Daya et al. 2009) al que se añaden los servicios web y principios de colaboración (Iung et al. 2009) para apoyar la pro-actividad, y mantener el mantenimiento como un proceso empresarial para optimizar el rendimiento".

- El e-mantenimiento también puede ser entendido como "un concepto de gestión del mantenimiento mediante el cual los activos son controlados y gestionados a través de Internet, introduciendo un nivel sin precedentes en la transparencia y la eficiencia de toda la industria" (Levrat et al, 2008). La empresa necesita previamente contar con cierto nivel de madurez en sus operaciones dado que la implementación de estas herramientas no es una tarea aislada.

- "La capacidad de controlar los activos de planta, vincular la producción y mantenimiento a los sistemas de operaciones, recoger la retroalimentación de las instalaciones del cliente remoto, e integrarlo para aplicaciones de nivel superior de la empresa "(www.imscenter.net)."

- "La transformación del sistema que permite las operaciones de fabricación para alcanzar un objetivo de rendimiento de casi cero tiempo de inactividad, así como para sincronizar con los sistemas empresariales mediante el uso de tecnologías vía web, inalámbricas "(Lee et al. 2006).

- "E-mantenimiento (la" e "en los medios de mantenimiento e-) = = excelente mantenimiento ó mantenimiento eficiente (hacer más con menos gente y menos dinero) + efectivo mantenimiento (mejorar los parámetros RAMS) + mantenimiento de la empresa (contribuir directamente para el desempeño de la empresa) "(http://www.mt-online.com/newarticles2/04-00uptime.cfm).

- "Concepto de gestión de mantenimiento mediante el cual los activos son monitorizados y administrados a través de Internet. Se introduce un nivel sin precedentes en la transparencia y la eficiencia en toda la industria", es más, considerando Internet como una nueva tecnología, se promueve el reemplazo de estrategias convencionales reactivas por otras más proactivas. (Http://www.devicesworld.net/iscada_applications_maintenance.html)

- Otra propuesta interesante es definir el e-mantenimiento como "la red que integra y sincroniza las aplicaciones de mantenimiento y fiabilidad para recabar y mandar la información de los activos donde sea necesaria. EL e-mantenimiento es un subgrupo del e-manufacturing y el e-bussines". De acuerdo con las nociones de integración y sincronización, también se puede definir el e-mantenimiento como la habilidad para vigilar los activos de las fábricas, unir los sistemas de producción y mantenimiento, recoger feedback de clientes que están en sitios remotos e integrarlos en aplicaciones de alto nivel en la empresa.

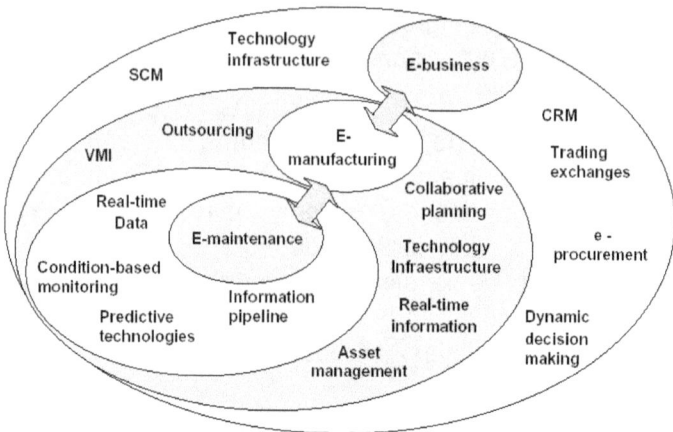

Figura4. Relacción entre e-mantenimiento e-manufacturing y e-business

El e-mantenimiento integra los principios ya implementados por el telemantenimiento añadiéndose servicios web y los principios de colaboración. Las colaboraciones no sólo permiten compartir e intercambiar información, sino también el conocimiento y la e-inteligencia (nuevos servicios, nuevos procesos) lo que significa un ambiente colaborativo en el que el conocimiento y la inteligencia pertinente están disponibles y utilizables en el sitio correcto, a la hora correcta para facilitar que se tome la mejor decisión de mantenimiento durante todo el ciclo de vida del producto (diseño, fabricación, uso, fin de vida).

La distancia entre actores se puede medir en "inteligencia de red" más que en miles de Km. De esta manera, con el uso de Internet, la tecnología de comunicación inalámbrica y de la WEB, el e-mantenimiento está transformando a los fabricantes de equipos en "servidores de negocio" que apoyan a sus clientes en cualquier lugar y en cualquier momento.

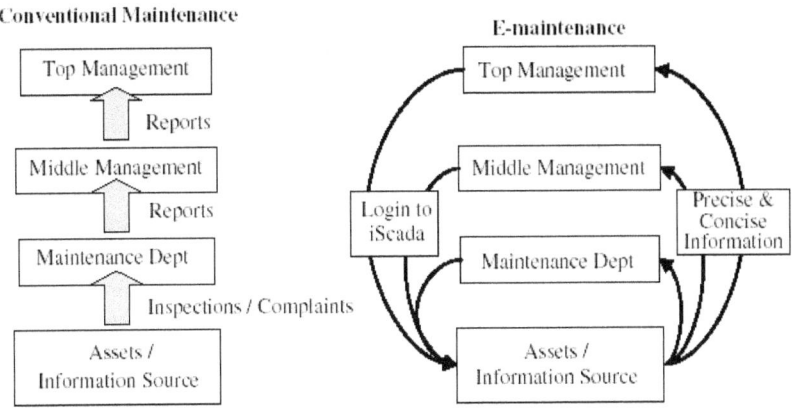

Figura5. Implementación del e-mantenimiento

Podemos conceptualizar el e-mantenimiento como un apoyo que incluye los recursos, servicios y gestión necesarias para permitir la ejecución pro-activa del proceso de decisión. Este apoyo no sólo incluye las e-tecnologías (p.ej.: TIC, Web, software libre, tecnologías inalámbricas), sino también, e-actividades de mantenimiento (operaciones o procesos), como el e-diagnóstico, e-pronóstico, etc.

Además de las nuevas tecnologías para el mantenimiento, la participación del personal en el proceso de mejora de la gestión de activos es un factor crítico para su éxito, se benefician de la información y las nuevas tecnologías de la comunicación (TIC) para implementar un ambiente cooperativo y multiusuario distribuido. Sensores inteligentes, dispositivos digitales para el trabajo móvil (PDA, por ejemplo) y para el intercambio de datos locales (RFID), herramientas para el diagnóstico inteligente y pronósticos, sistemas GMAO, infraestructuras inalámbricas, arquitecturas de servicios Web para apoyo y colaboración, etc son herramientas que mejoran y agilizan el proceso de gestión.

Sin duda, se requieren mayores niveles de conocimiento, experiencia y formación, pero al mismo tiempo, es de suma importancia la aplicación de técnicas que fomenten la participación de todos los operarios que desempeñan tareas simples de mantenimiento para alcanzar mayores niveles de calidad del mantenimiento y la eficacia general del equipo. Se trata de en cambio revolucionario de gestión en lugar de un avance evolutivo.

Además de las definiciones conceptuales, algunas aportaciones consideran el e-mantenimiento más como una estrategia de mantenimiento (es decir, un método de gestión), plan de mantenimiento (es decir, un conjunto estructurado de tareas), un tipo de mantenimiento (como CBM, RCM, TPM, correctivo, preventivo, predictivo, o proactiva) o un soporte de mantenimiento (es decir, recursos, servicios para llevar a cabo el mantenimiento).

Estudios de los últimos 20 años indican que en Europa, el coste indirecto de mantenimiento equivale a entre 4% y el 8% del volumen total de ventas (cantidad similar a la del coste directo). Así, en los países donde las prácticas modernas de mantenimiento han de ser adoptadas por la industria, el potencial de ahorro en mantenimiento es enorme.

De esa forma, el e-mantenimiento es la integración de los principios ya aplicadas por el telemantenimiento al que se añaden los principios del servicio WEB y la colaboración. Colaboración que permite no sólo compartir e intercambiar información, sino también el conocimiento e inteligencia (nuevos servicios, nuevas procesamiento), y esto no sólo entre las unidades, sino también entre unidades, departamentos, expertos, procesos y empresas.

Por medio de un entorno de colaboración, el conocimiento pertinente y la inteligencia están disponibles en el lugar correcto, en el momento oportuno para mejorar las decisiones de mantenimiento a lo largo del ciclo de vida del producto.

Así, con el uso de Internet y de las comunicaciónes inalámbricas, el e-mantenimiento genera la transformación de empresas de fabricación a empresas de servicios para apoyar a sus clientes en cualquier lugar y en cualquier momento.

Materializar este nuevo concepto exigirá muchos cambios, de hecho los efectos positivos de la productividad, sostenibilidad, calidad, etc tienen que demostrarse para justificar inversiones en este campo emergente. En desarrollo del e-mantenimiento abre un amplio abanico de vías de investigación tales como son:

- Desarrollo de nuevos dispositivos inteligentes (MEMS, Etiquetas, PDA y sistemas inteligentes capaces de apoyar la vigilancia y el diagnóstico en forma remota).

- Desarrollo de nuevas técnicas para la comunicación inalámbrica para mejorara las limitaciones específicas existentes para la comunicación en tiempo real entre el e-mantenimiento dispositivos y sistemas.

- Modelización y despliegue de nuevos servicios (procesos) tales como e-control, diagnóstico electrónico, pronóstico, e-logística, que requieren de dispositivos inteligentes.

- Ampliación de los servicios de mantenimiento electrónico a lo largo del ciclo de vida del producto (para realizar un seguimiento del producto desde el nacimiento hasta la muerte).
- Desarrollo de nuevos sistemas de mantenimiento inteligente capaces de hacer funcionar conjuntamente dispositivos inteligentes distribuidos, los servicios y el software de mantenimiento.

- Desarrollo de nuevas normas de mantenimiento electrónico (para los sensores, comunicación inalámbrica, interoperabilidad y seguridad, etc) (IEEE 802.11x es decir,

IEEE 802.15, EN457 :1992-ISO7731) para mantener la infraestructura de e-mantenimiento, etc.

4. TIC PARA E-MANTENIMIENTO, VENTAJAS Y OPORTUNIDADES

Existe un consenso en que el desarrollo de la sociedad de la información mejora la economía y el nivel de vida de los ciudadanos, además es evidente la fuerte correlación entre gasto en tecnologías de la información y la comunicación (TIC en adelante) y el crecimiento de la productividad.

Las TIC ayudan a las empresas a ganar cuota de mercado a costa de otras menos productivas, a aumentar su oferta de productos y servicios y a innovar. Las TIC reducen ineficiencias en la utilización de capital y trabajo (por ejemplo reduciendo la capacidad de los inventarios) y aumentan la productividad de los empleados por el uso de herramientas ofimáticas y su difusión establece redes de conocimiento.

El impacto de las TIC's se observa a dos niveles;

- **a nivel micro**, como soporte que facilita la práctica en la ejecución de tareas de mecánicos y técnicos, proporcionando acceso a las fuentes de información, mejoras en el proceso de diagnóstico, y el intercambio de conocimientos y procedimientos automatizados facilitando las labores técnicas.

- a **nivel macro**, apoyando la planificación de la gestión, la preparación y la evaluación, lo que permite el mantenimiento basado en la información y procesos de apoyo.

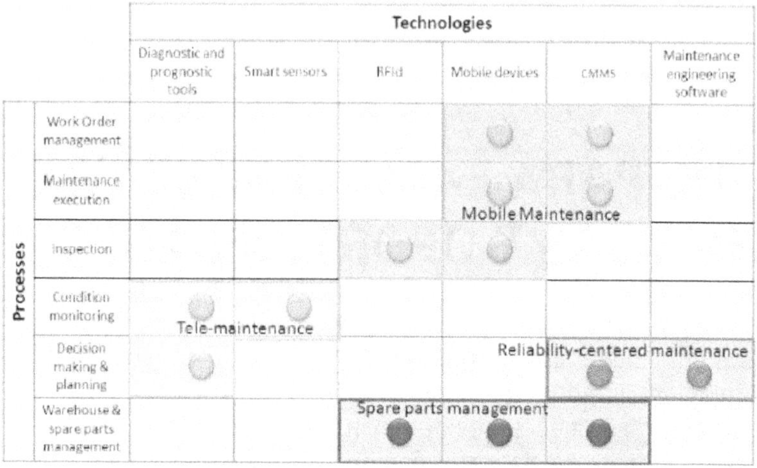

		Technologies					
		Diagnostic and prognostic tools	Smart sensors	RFId	Mobile devices	CMMS	Maintenance engineering software
Processes	Work Order management				●	●	
	Maintenance execution				Mobile Maintenance		
	Inspection				●	●	
	Condition monitoring	●	● Tele-maintenance				
	Decision making & planning		●			Reliability-centered maintenance ●	●
	Warehouse & spare parts management			Spare parts management ●	●	●	

Figura6. Fuente: Macchi, Centrone y Fumagalli (2010)

Los sistemas de información son una herramienta clave en tres aspectos:

-Para el **intercambio o flujo de información**, manejando las transacciones del departamento y documentándolas, generando conocimiento accesible de forma automática o inmediata.

-En Sistemas de Información para la Dirección, presentando la información necesaria para la **gestión y control** de la empresa.

-Para la **toma de decisiones**, dando soporte mediante representaciones, análisis y modelos de situaciones.

Basar la gestión del mantenimiento en los sistemas de información es una **decisión estratégica**, contribuyendo a la **automatización** de procedimientos y toma de decisiones, al hacerlos:

-Independientes del tamaño de la red o dispersión geográfica.
-Independientes de las tecnologías.
-Independientes de las personas.
-Menor coste de recursos humanos.
-Menor tiempo de actuación.

También los sistemas TIC nos ofrecen otras ventajas:

-Información **en tiempo real** con históricos del servicio, de la infraestructura, etc.

-**Visibilidad** de las operaciones del negocio, trazabilidad, disponibilidad, etc.

-**Control** sobre la ejecución de las actividades y de los recursos asociados mejorando el ROI.

-Materializar la criticidad y **prioridad**.

-Alineamiento con los **objetivos** del negocio y otros departamentos.

-Automatización y eficiencia eliminando tareas redundantes o sin valor, mejorando la **productividad**.

Y especialmente en los sistemas de mantenimiento se aplicarán para:
- **El Modelado** para análisis automáticos de causa raíz, cuellos de botella y cálculo de impacto en cualquier punto de la infraestructura.

- El conocimiento de los **costes** en las distintas actividades del mantenimiento.

-**Reducir los tiempos** ante emergencias o actividades no programadas.

- **La Gestión del conocimiento**, estandarización y fuente única de información, reduciendo los problemas de **calidad** en los datos.

Facilidades	Ventajas	Oportunidades
Computación	Reduce el coste de producción	Automatización de tareas
		Disminuye las fases en el proceso de información
		Eliminación actividades
Comunicación	Reduce el coste de coordinación	Reducción de tiempos y distancias
		Integración de tareas y procesos
		Recopilación y distribución de información
Almacenamiento y Sistemas	Reduce el coste de la información	Monitorización de procesos y tareas
		Análisis de información y toma de decisiones
		Archivo y desarrollo de habilidades y experiencia
		Modelado y visualización de procesos

Figura7. Ventajas de las TIC

El uso de las TIC en este entorno nos permite no sólo compartir e intercambiar datos e información sino también conocimiento y esto ocurre entre todos los actores (Unidades humanas, departamentos), así como a lo largo del ciclo de vida del producto. Las TIC se perciben principalmente como un medio necesario para el desarrollo de e-mantenimiento, pero no es suficiente para dar mayor valor añadido a la dirección del mantenimiento en términos de know-how y servicios.

TIC es un tema muy amplio, pero vale la pena mencionar las principales áreas de desarrollo en los últimos años y lo que se ha incorporado en el mantenimiento diario las actividades. Básicamente, existen dos fuentes tecnológicas:

_ En primer lugar, el aumento del uso de dispositivos miniaturizados, esto también se aplica a la aparición de los sistemas móviles.

_ En segundo lugar, la extensión de las tecnologías de la comunicación que impulsaron el uso de Internet como principal plataforma de distribución de operación del negocio.

TELEMANTENIMIENTO

Para evitar los grandes costes en desplazamiento de personal y de toma de medidas, teniendo en cuenta la bajada sostenida de los precios de los sensores de vibración, existe una nueva opción que puede sustituye el mantenimiento concertado tradicional. Esta opción es el telemantenimiento (o mantenimiento a distancia). Su realización requiere colocar en la planta del cliente todo el equipo necesario para realizar un mantenimiento predictivo on-line de las máquinas escogidas.

Sin embargo, este sistema no se deja funcionando desatendido, sino que los datos de vibración (y de otros parámetros interesantes) son transmitidos a la empresa mediante una conexión remota vía módem. Por tanto, la monitorización del estado de las máquinas se realiza completamente desde un Centro de Control o una empresa externa, a pesar de que todo el sistema de monitorizado se encuentre en la planta del cliente o en una instalación localizada a gran distancia.

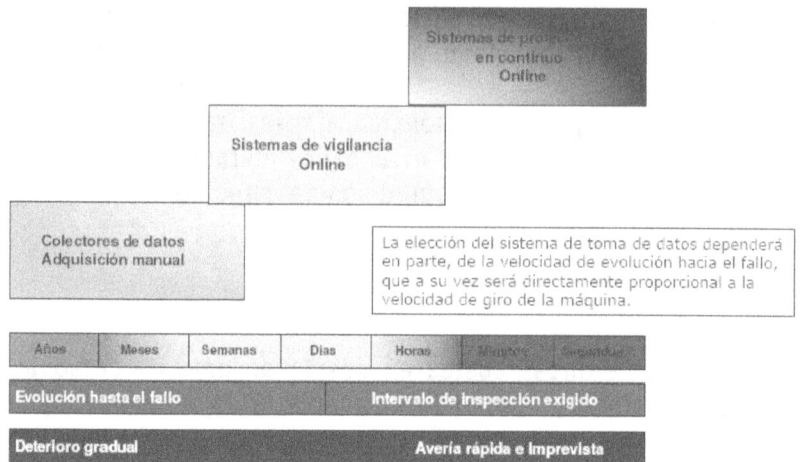

Figura 8. Relación entre el sistema de toma de datos - intervalo inspección exigido.

Las ventajas de este sistema, comparadas con el mantenimiento predictivo subcontratado tradicional, son muy importantes.

A pesar de que el coste inicial de establecimiento del servicio es mayor, automáticamente se eliminan todos los costes de desplazamiento del personal que debe realizar las medidas, con lo cual el coste total es menor. Las medidas son directamente obtenidas en el centro de control del analista, con la periodicidad requerida, con lo cual los informes del estado de la máquina pueden realizarse en un menor plazo. Se propicia, además, una mayor implicación del analista con el cliente, ya que, ante cualquier alarma o aumento de vibración, se pueden tomar más datos de las máquinas, o modificar la periodicidad de los análisis sin un sobre coste importante.

Estas alarmas pueden ser automáticamente transmitidas a la empresa de servicios, conectando automáticamente la transmisión de los datos vía módem, o incluso llamando automáticamente al analista a un teléfono móvil.

El único obstáculo existente hoy en día para la popularización de este servicio es, como ya se ha comentado, el del coste de implantación del sistema. Este coste, sin embargo, puede reducirse considerablemente teniendo en cuenta algunos aspectos que se están introduciendo en las empresas.

En primer lugar, los costes de materiales con respecto a los de trabajo de un operario disminuyen continuamente. Esto, junto con las mejoras en la fabricación de sensores que hacen que su precio disminuya de forma continua, hará que la compra de estos no sea tan inaccesible como antes.

Además, para disminuir los costes de cableado en las plantas, la popularización de los buses de campo en fábricas puede ser un aspecto clave. Si el sistema de monitorizado de la maquinaria es capaz de adaptarse a un bus ya existente, el coste del cableado disminuye considerablemente.

Por tanto el telemantenimiento comienza a imponerse como herramienta de mantenimiento predictivo, ayudado además por el desarrollo de una nueva generación de sensores.

TELEDIAGNÓSTICO.

En aquellas plantas industriales que carecen de personal técnico formado con capacidad para diagnóstico vibratorio, existen empresas que puede ofrecer el servicio de sus expertos en modalidad de asistencia remota. El servicio de Telediagnóstico permite que los especialistas realicen un análisis dinámico de los equipos rotativos de la planta sin necesidad de incurrir en elevados costos de desplazamiento, utilizando como soporte las nuevas tecnologías de informática y comunicaciones.

Las lecturas de vibración pueden ser tomadas tanto por medio de sistemas automáticos "on-line" como con equipos portátiles "off-line" por parte del personal propio de la planta con un mínimo entrenamiento. En el primer caso, se accede a la información remota mediante llamada telefónica (RTC, RDSI) o conexión IP (Internet ADSL). En el caso de que los datos sean recogidos mediante equipos portátiles, los archivos de base de datos se envían por Internet (Servicio FTP). El servicio de Tele-diagnóstico reporta una serie de ventajas a tener en cuenta a la hora de implantar un programa predictivo:

El analista experto siempre está a su disposición y sus conocimientos puestos al día.

- o No se requiere de cualificación específica por parte del personal de planta.
- o Los informes del especialista permiten al personal de planta familiarizarse con las tecnologías.
- o En proyectos "on-line" pueden plantearse soluciones "renting" evitando asumir la inversión inicial.
- o En instalaciones permanentes de protección y supervisión, pueden complementarse con una asistencia remota de diagnóstico.
- o La información del programa predictivo remoto puede integrarse en el sistema de información de planta

CONFIGURACIÓN DE LA RED DE COMUNICACIONES.

Los sistemas automatizados cada vez contienen un mayor número de sensores y actuadores cuyo cableado de forma clásica presenta muchos problemas. Mediante los buses de campo y a través de una comunicación serie el PLC establece una diálogo con los captadores, accionadores y dispositivos inteligentes distribuidos en la planta, tales como variadores de velocidad, arrancadores, reguladores PID, terminales de visualización y autómatas programables.

Actualmente los buses de campo que se han impuesto en el mercado son los que están respaldados por los principales casas de autómatas como son Profibus (Siemens), Device Net (Allend Bradley) o Interbus (Phoenix Contact).

Los buses industriales no sólo están orientados a la conexión de sensores y actuadores, sino que también permiten una conexión eficaz de dispositivos inteligentes como variadores de velocidad, terminales de explotación y diálogo, identificadores de productos, etc...

El principal objetivo que nos trazamos cosiste en disponer de la información en el tiempo preciso y en tiempo real para poder tomar decisiones dentro de la empresa. Los esfuerzos actuales se centran en comunicar las herramientas MES (*Manufacturing Execution Systems o Sistemas de gestión de producción*), con los controladores de planta. El objetivo es conseguir que los datos se transmitan de una manera fácil, fiable y cumpliendo los requisitos temporales.

Actualmente, coexisten en las redes de las empresas varios sistemas y protocolos de comunicación diferentes. Por una lado la comunicación en el ámbito de la ofimática, por otro la comunicación entre controladores y planta, y por último, la comunicación entre los controladores y los elementos de los buses de campo. De estos tres sistemas de comunicación, sólo se suele utilizar Ethernet en el nivel superior.

Para los niveles inferiores se utilizan buses de célula y campos específicos de los diferentes fabricantes, como pueden ser Interbus, Modbus o Profibus. Estos sistemas de comunicaciones son incompatibles entre sí lo que hace muy difícil acceder a simples informaciones de sensores de máquinas, a menos que se desarrollen bases de datos intermedias en los controladores o en el sistema de supervisión.

En este entorno, la dependencia de los desarrollos específicos de los distintos fabricantes es todavía muy fuerte, pero la red Ethernet y su protocolo de comunicaciones TCP/IP se ha configurado como el estándar de comunicaciones, no sólo a alto nivel sino también en el nivel más bajo, en el bus de campo. Las redes Ethernet se unen a través de routers inteligentes de forma que se optimice el tráfico de información en la red.

Actualmente se desarrollan dispositivos que utilizan como protocolo de comunicaciones TCP/IP y medio físico Ethernet. Muchos de estos dispositivos incorporan servidores WEB empotrados, lo cual permite su configuración y diagnóstico mediante un navegador de Internet. Igualmente los terminales de explotación y diálogo, no solamente incorporan la antigua comunicación puerto serie sino que permiten la comunicación en distintas redes, entre ellas Ethernet.

Los sistemas SCADA utilizan Ethernet para la comunicación con los controladores de la planta, y se configuran como servidores WEB, permitiendo el acceso remoto a sus bases de datos y a su interface gráfico desde cualquier ordenador conectado a la red Internet.

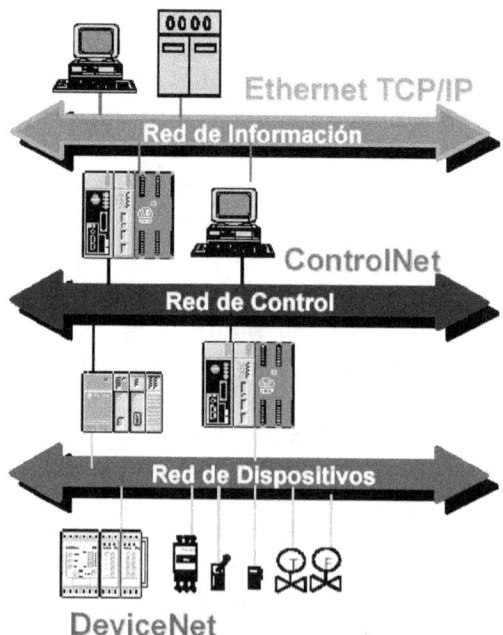

Figura 9 Redes industriales de comunicación.

La utilización de Ethernet como único sistema de comunicación dentro de la empresa nos introduce en el concepto de "sistema productivo transparente". Ethernet como medio físico y TCP/IP como protocolo de comunicaciones permiten una comunicación transparente en la planta de fabricación.

De esta forma cualquier sistema puede acceder a la información por medio de un simple navegador de Internet o mediante aplicaciones que adquieran los datos de los servidores por medio del protocolo TCP/IP, sin tener que estructurar bases de datos intermedias mediante sistemas de supervisión clásicos.

Este flujo de información en tiempo real ha generado la creación de gran variedad de programas de aplicación que residiendo en ordenadores de gestión pueden acceder directamente a todos los datos de producción. Las aplicaciones MES disponen de esta manera de un acceso directo a los datos de producción.

COMPONENTES Y POSIBILIDADES DEL SISTEMA

Como se ha comentado ya, los sistemas de diagnóstico han evolucionado en los últimos años hacia soluciones prácticas y económicas capaces de detectar y comunicar fallos electromecánicos de la maquinaria con antelación suficiente.

Dentro de las múltiples configuraciones posibles a la hora de diseñar un sistema de mantenimiento condicional tendremos en cuenta factores como la criticidad del servicio, el tipo de respuesta que se requiera de los supervisores, la disponibilidad del canal de comunicación y los elementos que se consideran críticos dentro de la instalación según los indicadores de calidad de la empresa.

La colocación de los sensores se realizará de forma que la dirección de medida deseada coincida con la de su máxima sensibilidad. Los acelerómetros son también sensibles a las vibraciones en sentido transversal, pero se suele poder ignorar porque la sensibilidad transversal típica es inferior al 1% de la principal.

La razón de realizar la medida sugerirá, de ordinario, el punto idóneo de medida. Las medidas buscan monitorizar el estado del eje del cojinete. El captador se debe colocar de forma que las vibraciones del cojinete le lleguen por un camino directo.

También se suscita el tema de la dirección en que se debe medir en el elemento en cuestión. Es imposible fijar una regla general, pero, p.e., en el caso de la figura se puede obtener información interesante para la monitorización midiendo en la dirección axial y en una radial, en general la que se suponga de menor rigidez.

Según estos parámetros podremos optar por varias configuraciones, la más sencilla consistirá en colocar sensores de vibración en las posiciones y que se adjuntan en el caso de un grupo motobomba:

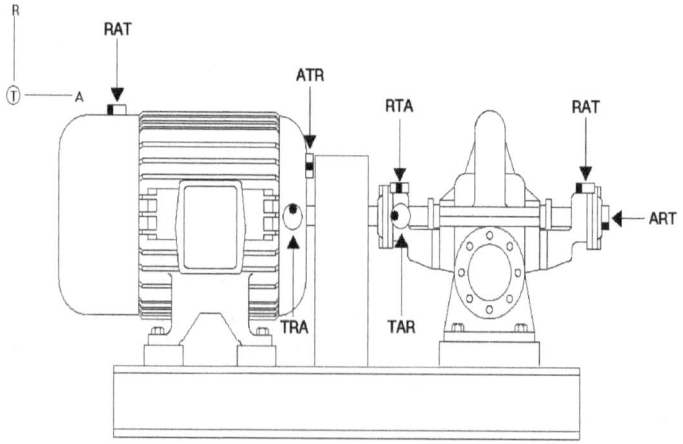

Figura 10. Situación de sensores de vibración.

- Motor lado ventilador
- Motor lado tracción
- Bomba lado tracción
- Bomba lado Opuesto a la tracción
- Bomba axial lado Opuesto a la tracción

El módulo local de análisis de vibraciones recibirá la señal de los sensores de vibración colocados en la máquina, procesa esta señal y devuelve los valores de los indicadores de los principales fallos potenciales de cada máquina. Así podremos hacer el seguimiento y detectar con suficiente antelación fallos de desequilibrio, desalineación, holguras, rodamientos, engranajes, fallos eléctricos, etc.

Esta información es procesada en el módulo local en tiempo real utilizando técnicas avanzadas de alarma de frecuencia y amplitud para determinar si la maquinaria funciona dentro de los parámetros aceptables.

Cuando se superan los límites, los módulos notifican a los operadores, envían los datos y/o accionan los relés apropiados para el tipo de fallo. De esta forma se alerta de que los parámetros globales han evolucionado anormalmente y que hay que realizar un diagnóstico mas detallado de la máquina. Los módulos de análisis se pueden comunicar vía Ethernet o se pueden utilizar como soluciones autónomas utilizando salidas incorporadas de 4-20 mA, relés integrales y salidas con almacenamiento en búfer.

Tenemos la posibilidad de disponer de salidas en forma de datos de vibraciones complejas como un espectro de vibraciones y también proporcionar salidas en forma de valores de banda de espectro que se focalizan en defectos específicos de la máquina como lo es el desequilibrio.

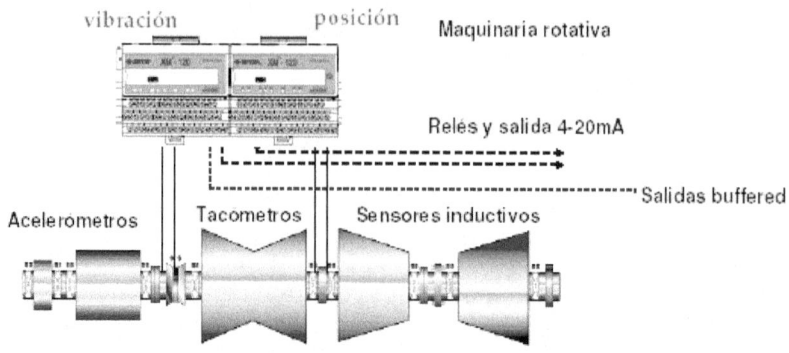

Figura 11. Enlace sensores con módulo local de análisis.

Disponemos de varias opciones para monitorizar las señales y alarmas del módulo local de análisis para enviarlas posteriormente al SCADA de supervisión remoto:

o Mediante MODBUS a través de cable serie o Ethernet, lo cual permite configuraciones wireless e incluso en ubicaciones remotas vía GPRS. Los datos se envían al servidor DCS que los remite al SCADA de control (PREDITEC).

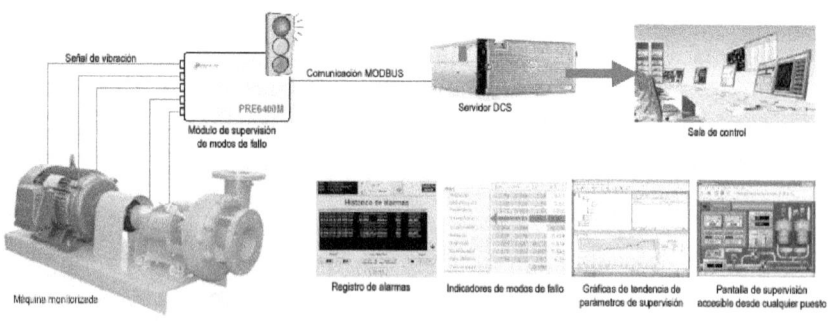

Figura 12. Conexión módulo local de análisis con sala de control.

- Mediante DeviceNET directamente a un PLC conectado al sistema SCADA (Rockwell Automation).

- Mediante un conversor a ControlNET directamente a un PLC conectado al sistema SCADA (Rockwell Automation).

- Mediante un conversor a EtherNET/IP directamente al sistema SCADA (Rockwell Automation)

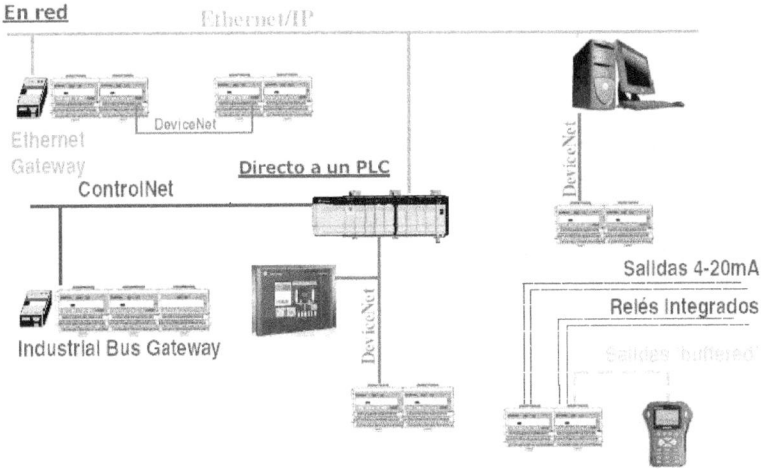

Figura 13. Tipos de conexión módulo local con SCADA de control y análisis.

Este sistema se amplían conectando un apantalla táctil que muestra localmente los datos analizados y los niveles actuales. En el SCADA local se registrarán las gráficas de diagnóstico y parámetros avanzados de supervisión de forma automática permitiéndonos detectar el desarrollo de un fallo que muestre sus síntomas en vibración de baja frecuencia, alta frecuencia o un incremento de temperatura en el punto donde se localiza el sensor.

Otras medidas que tomaremos serán valores de temperatura en motor y bomba, presión de aspiración, presión de impulsión, intensidad del grupo y velocidad de funcionamiento del grupo

Para valorar el estado de una máquina, se suele comenzar usando algún criterio sobre severidad de vibraciones. Algunas normas, como la ISO 2372 (y equivalentes nacionales) dan límites que sólo dependen de la potencia de la máquina y su tipo de cimentación. La mayoría de los criterios de aplicación general se basan en el valor eficaz de la velocidad de vibración en la gama de 10 a 1.000 Hz, aunque la práctica indica que algunas componentes importantes se producen, a veces, a frecuencias superiores.

Otro ejemplo de criterios para estimar el estado de las máquinas, es la norma canadiense "Vibration Limits for Maintenance". En ella se fijan límites para tipos y tamaños concretos de máquinas. Emplea también niveles eficaces de velocidad y abarca la gama de 10 a 10.000 Hz, permitiendo la medida a frecuencias más altas.

Aunque los valores absolutos sugeridos por estos criterios no siempre son los más adecuados, resultan muy útiles, porque indican el significado de los grados de aumento en el nivel de vibración. Por ejemplo, la citada ISO 2372 indica que un aumento del nivel en un factor de 2,5 (8 dB) supone pasar de un grado de calidad a otro. Análogamente, el aumento por un factor superior a 10 (20 dB), es muy serio, porque podemos pasar de "bueno" a "no tolerable".

Estos factores se aplican a medidas en banda ancha, aunque la experiencia ha probado que sirven también para valorar los aumentos de componentes individuales obtenidos con análisis en frecuencia.

5. EXTENSIÓN DE LOS SISTEMAS DE AUTOMATIZACIÓN

La extensión de las herramientas TIC hace cada vez mas necesario que el desarrollo de sistemas software tenga en cuenta al usuario. Disponer de Interfaces inteligentes e intuitivos, en un entorno fácil de reconocer aumenta la eficiencia del técnico de mantenimiento situándolo en el centro del proceso de diseño de las herramientas gráficas. La tecnología debe ser diseñada para las personas en lugar de hacer que el usuario se adapte a la tecnología.

Las tareas de mantenimiento tienden a ser difíciles ya que requieren técnicos expertos. EL mantenimiento de las condiciones de trabajo en la empresa se caracteriza por la sobrecarga de información (manuales, formularios, vídeo, datos en tiempo real), la colaboración con los proveedores y operadores y la integración de diferentes fuentes de datos (componentes, modelos, datos históricos, actividades de reparación).

La amplia oferta de disponibilidad de las TIC ofrece un nuevo entorno de trabajo para técnicos de mantenimiento. El acceso a la información actualizada sobre un equipo en tiempo real permite el mantenimiento remoto y la gestión del ciclo de vida. Las nuevas tecnologías también están proporcionando nuevas arquitecturas distribuidas y mejores estrategias de comunicación para las aplicaciones, haciendo el intercambio de información más fácil y que permita la integración de nuevos módulos como sensores o algoritmos de diagnóstico con menos esfuerzo desde el punto de vista de los clientes y los fabricantes de máquinas herramienta.

6. LOS SISTEMAS DE AYUDA AL MANTENIMIENTO

El desarrollo de los sistemas informáticos en el campo del mantenimiento industrial comenzó cuando el mantenimiento fue reconocido como una función fundamental en la empresa y se puso especial interés en el estudio y desarrollo de procedimientos para esta función.

La naturaleza de la información utilizada en el mantenimiento va cambiando de acuerdo a la evolución de las tecnologías de la información y al crecimiento de la complejidad del entorno industrial. La estructura de la información ha cambiado para hacerla mas manejable mediante sistemas de información adecuados.

Podemos identificar varios aspectos en la evolución de los sistemas informáticos de ayuda al mantenimiento:

1. La informatización de los procedimientos del mantenimiento. La automatización de la gestión del negocio permite informatizar varios procedimientos de mantenimiento. La

integración de información de equipos, fichas de intervenciones, stocks, planos y diagramas en un único sistema y la automatización de los procesos de mantenimiento han sido posibles gracias a la aparición de paquetes CMMS (Computerized Maintenance Management System).

2.

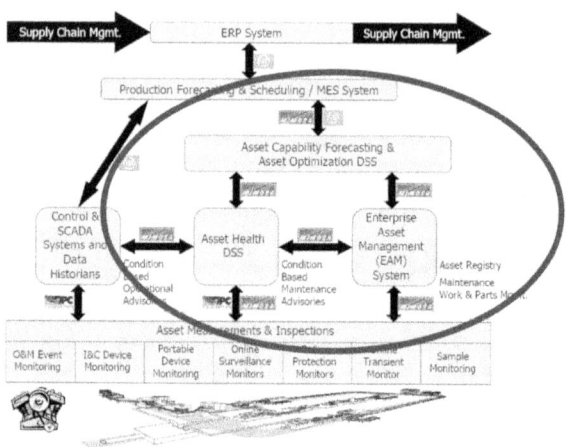

Visión integrada de sistemas de información en operaciones y mantenimiento
(Fuente: OpenO&M™ 2004)

3. El Interface o la interacción con otros paquetes software de la empresa como compras y contabilidad (también informatizados) es un hecho, el siguiente paso es la integración del mantenimiento con otras funciones corporativas a través de sistemas ERP (Enterprise Resource Planning).

4. La evolución de los sistemas de adquisición de datos y de las técnicas de análisis del mantenimiento y control, distinguiendo entre sistemas para el diagnóstico y pronóstico asociados a Sistemas Expertos y el software SCADA.

5. La integración de módulos inteligentes en la arquitectura del mantenimiento, lo que permite disponer de indicadores para la correcta y estratégica toma de decisiones y la política de mantenimiento.

6. El desarrollo de las tecnologías TIC que permiten la extensión de Internet en la empresa y el surgimiento del denominado "mantenimiento inteligente".

7. LA TECNOLOGÍA RFID

La base tecnológica de RFID (Radio Frequency Identification) está disponible desde hace varias décadas, sin embargo, solamente durante los últimos diez años ha comenzado a tener un impacto significativo en las industrias. Hoy en día la tecnología RFID es considerado como la forma mas práctica de interconectar los activos físicos y la infraestructura tecnológica.

La utilización de dispositivos RFID presenta como ventaja principal la no necesidad de tener que ser visibles, al contrario que los códigos de barras.

Las etiquetas inteligentes son la base de esta tecnología que está emergiendo rápidamente como el sustituto del código de barras. De hecho, los sistemas RFID están empezando a tener un impacto en operaciones de fabricación y logística, y se espera que estas ventajas también puedan ser aplicadas próximamente en el área de mantenimiento.

Aunque el coste es un factor importante que limita la absorción de esta tecnología por las empresas en la actualidad, se espera que esto se convierta en un factor menos importante a medida que disminuyan los costes de fabricación y aumente la eficiencia operativa a los niveles de exigencia más altos. La capacidad de las empresas para planificar en consecuencia y, en caso de emergencia, reaccionar con rapidez es una ventaja clave que ofrecen estas nuevas técnicas.

Las etiquetas deben ser capaces de almacenar y comunicar la identidad y la información histórica, por lo tanto será necesario el uso de soluciones activas y pasivas con capacidad de leer y escribir. Los posibles beneficios de las actividades de mantenimiento apenas están empezando a distinguirse, los usuarios de dicha tecnología disfrutan de un acceso inmediato a la información, incluidos los datos de maquinaria, identificación del sensor, auditoría de las actividades de mantenimiento, información de piezas de repuesto y el uso de herramientas de mantenimiento.

Estas etiquetas pueden almacenar información limitada, característicamente útil para la gestión de los activos y el mantenimiento, además, cumplen el papel de ser el enlace natural entre campo y las infraestructuras de comunicaciones. Son una ventaja clave para el e-mantenimiento dado que facilitan la informatización de los activos y de gestión del mantenimiento y la integración con sistemas ERP.

La combinación de sensores con tecnología RFID para crear redes inalámbricas permite el seguimiento e identificación de activos con la detección de datos específicos en los puntos de recogida. Los datos obtenidos son inmediatamente contextualizados, es decir, vinculados a una activo específico que opera bajo ciertas condiciones y carga de trabajo.

Al utilizar un dispositivo PDA a este nivel de integración hace que los datos de la maquinaria estén disponibles en cualquier parte de la empresa y en cualquier momento estando el usuario validado en la red.

Esta tecnología se ha beneficiado de la rápida disminución de los costes de las etiquetas y lectores de etiquetas por lo que su inversión se justifica plenamente. Por el contrario, esta tecnología se enfrenta a importantes obstáculos, los costes siguen siendo altos y, mientras su integración física con las infraestructuras TIC se ha acelerado, la integración del software sigue siendo un problema.

8. NUEVOS SENSORES

Se han desarrollado nuevos sensores para mejorar la gestión del CBM, uno de ellos son los sensores de lubricación. La tecnología de película gruesa permite sensores más pequeños y con mayor precisión.

En la parte superior del desarrollo tecnológico, ópticas microsensores están siendo desarrollados para la medición de longitudes de onda visibles e infrarrojas que pueden ser correlacionadas con muchas propiedades de diferentes fluidos, proporcionando lecturas fiables de muchos parámetros que hoy en día sólo se pueden analizar con equipo de laboratorio.

Estos sensores inteligentes son capaces de funcionar sin supervisión y realizar auto-calibración comunicándose adecuadamente con los sistemas de almacenamiento centrales de datos.

¿Cuáles son las principales ventajas al utilizar este tipo de sensores?, la ventaja más importante es, por supuesto, el logro de tamaños de sensor muy reducidos, que incluso podrían rivalizar con los de sensores de vibración. Esto abarca desde la mayoría de máquinas-herramientas a los coches y los compresores. Por otro lado, a pesar de que estos prototipos son costosos está previsto que se fabriquen a bajo coste.

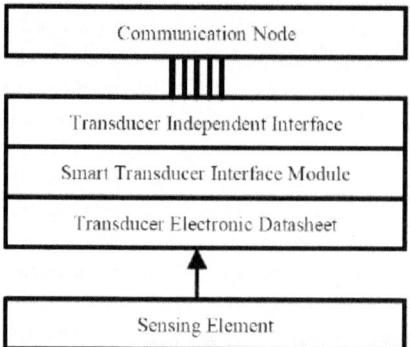

Figura 14. Arquitectura software de un sensor inteligente

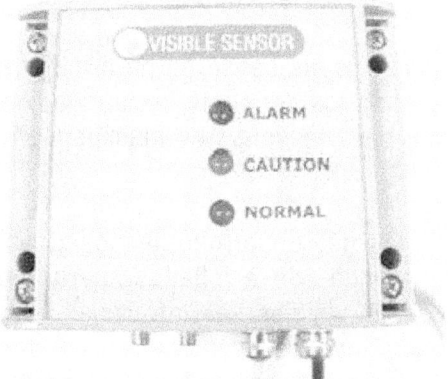

Figura15. Sensor inteligente de aceite

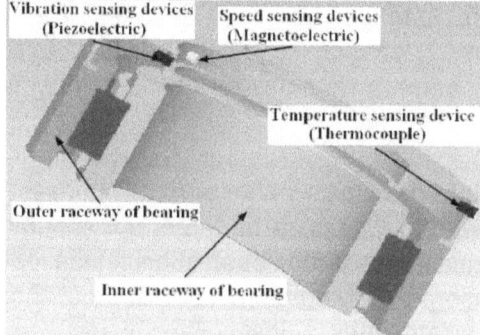

Figura16. Estructura de un cojinete inteligente

9. DISPOSITIVOS Y SERVICIOS MÓVILES

El e-mantenimiento y el uso de dispositivos móviles ofrecen una mayor flexibilidad para acceder a aplicaciones relacionadas con el mantenimiento en localizaciones remotas o en entornos sin red fija de comunicaciones. Se han convertido en un factor clave que hace posible el acceso de personal de mantenimiento a datos y servicios mediante la carga de información procedente de multitud de BD heterogéneas.

Los dispositivos PDA (Personal Digital Assistant) se han convertido en sistemas intermediarios de gestión de la información, a través de ellos personal cualificado puede consultar datos relevantes sobre la maquinaria monitorizada, como pueden ser el consumo eléctrico actual, acciones de mantenimiento históricas y programadas, disponibilidad de repuestos e instrucciones de actividades de mantenimiento.

De esta forma, los dispositivos móviles se convierten en asistentes móviles, con acceso a información y aplicaciones software que dan mayor valor a los datos disponibles y con capacidades para obtener conocimiento de forma inmediata.

Los dispositivos móviles típicamente de la forma PDA, son el elemento central de las soluciones móviles de e-mantenimiento, una PDA se convierte en un dispositivo multipropósito que se comunica con etiquetas RFID, sensores inalámbricos inteligentes servicios WEB.

El rápido crecimiento del mercado de dispositivos móviles hace que su elección no sea sencilla, la rapidez con que cambian los costes y tecnologías hace que sea más importante decantarse por dispositivos con un alto nivel de interoperatividad que por otros que ofrecen un determinado servicio específico.

La tendencia se dirige a disponer de un dispositivo móvil con un mínimo de requerimientos de hardware, un servidor WEB con aplicaciones que soporten funcionalidades de e-mantenimiento y un formato común de interconexión de datos adaptado a las necesidades de la función del mantenimiento. Esta tendencia se extenderá a todos los dispositivos que aparezcan en el futuro.

Podemos predecir que los costes de adquisición se reducirán, mientras que la capacidad de gestión y resolución de averías y las funcionalidades del sistema aumentarán. El primer factor importante a tener en cuenta es la decisión del hardware a utilizar, con especial atención a las soluciones de conectividad, es muy importante que puedan habilitar una rápida y fiable comunicación con otros dispositivos. Factores secundarios tales como la robustez y la estética no son excesivamente importantes debido a la naturaleza rápidamente cambiante que tiene el mercado.

Las aplicaciones son definidas como típicos servidores WEB con interfaces editables, mientras que las bases de datos soportan las especificaciones MIMOSA para asegurar servicios e interoperatividad.

Una PDA es una herramienta que permite al técnico de mantenimiento o al ingeniero comunicarse e interrelacionarse con el mundo que les rodea. Es un interface de usuario que da acceso a los sistemas de gestión del personal por ordenador (CMMS) empleados en la gestión del personal de mantenimiento, actividades y materiales.

La PDA también ofrece acceso a la identificación del estado de la maquinaria y a la monitorización condicional de datos mediante el diagnóstico del estado de la maquinaria.

Normalmente los datos se almacenan y procesan en la central de gestión de datos con servicios de diagnóstico de la condición de funcionamiento de la maquinaria. Dado que no es fácil diagnosticar automáticamente la condición de la maquinaria, se suele incluir en las PDA capacidades de análisis y diagnóstico de la condición de funcionamiento de la maquinaria.

Esta funcionalidad ofrece como ventajas respecto a los sistemas con servidores remotos como son la flexibilidad y la accesibilidad al servicio de localizaciones de difícil acceso como son elementos a pie de planta o fuera de la misma.

DISPOSITIVOS MÓVILES Y GESTIÓN DEL MANTENIMIENTO.

Desde su aparición los dispositivos móviles se han utilizado en una gran variedad de aplicaciones por sus ventajas respecto a las aplicaciones de los PC´s convencionales. Entre otras cosas, los dispositivos móviles ofrecen la flexibilidad de estar en servicio en cualquier localización sin necesidad de redes de comunicaciones fijas, de forma rápida y eficiente, nos permiten obtener información de cualquier tipo de bases de datos sin estar limitados por la mayor o menor conectividad de los dispositivos.

Si añadimos a esto la facilidad de manejo y transporte, estos dispositivos han transformado la forma en que se monitoriza, controla y gestionan los activos industriales. Este potencial no está suficientemente aprovechado en cuanto a la gestión del mantenimiento.

Aunque de la utilización de dispositivos wireless con sistemas de e-mantenimiento se habla desde el año 2001, la integración de herramientas para la gestión del mantenimiento con sensores wireless, etiquetas de radiofrecuencia, dispositivos móviles y servidores centrales o remotos de datos han sido realidad sólo recientemente.

Parte de la dificultad en su implementación se atribuye a la escasa conectividad entre equipos de distintos fabricantes, esto se complica si consideramos la complejidad de la optimización de la gestión del mantenimiento en la industria actual.

La utilización de PDA´s juega un papel clave, son utilizados con sensores inteligentes y smart tags en la parte baja de la estructura de captura de datos pero también con bases de datos de servidores, procesadores de datos y aplicaciones de alto valor añadido en la parte alta de la pirámide de gestión del mantenimiento.

El técnico de mantenimiento equipado con PDA puede monitorizar la maquinaria, identificar automáticamente los equipos y componentes y cargar datos relevantes desde el sistema central (bases de datos históricas, de referencia y de conocimiento) y presentarlos gráficamente. De esta forma la PDA se convierte en un sistema de recogida de datos y al mismo tiempo un sistema experto para la gestión de avisos.

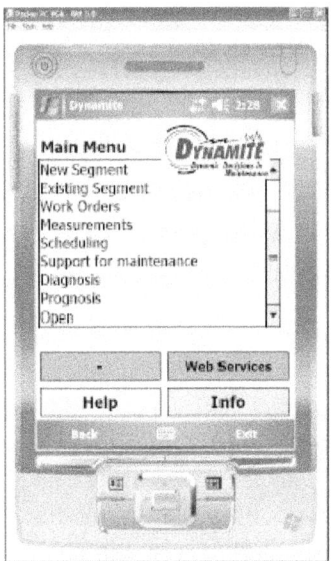 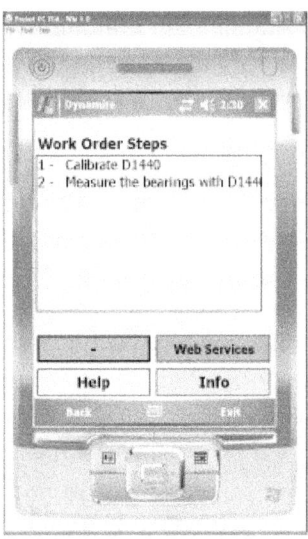

Figura 17. Ejemplos de funcionalidades disponibles con PDA

Con una arquitectura formada por sensores inteligentes distribuidos a lo largo de la planta que pueden transmitir datos de forma inalámbrica vía radiofrecuencia o vía gateways datalogger, disponemos de una arquitectura wireless de e-mantenimiento flexible, fácil de gestionar y de utilizar por el ingeniero de mantenimiento y que al mismo tiempo se puede integrar con el ERP de la organización.

EL PAPEL DE LA PDA EN EL E-MANTENIMIENTO.

La PDA es el dispositivo más importante dentro de la plataforma software del e-mantenimeinto y el que hace posible el e-mantenimiento móvil en la práctica. Se convierte en el interface móvil de usuario para la plataforma WEB de servicios de mantenimiento. En una plataforma software de e-mantenimiento las claves son:

1. Etiquetas inteligentes
2. MEMS inteligentes y sensores de aceite.

3. Adquisición inalámbrica de datos.
4. Mantenimiento de coste efectivo
5. Web semántica

La información que fluye desde cada una de estas fuentes tiene que ser recopilada, asimilada, analizada, procesada y presentada al usuario de la PDA, por lo tanto todas las fuentes de información deberían ser accesibles desde el dispositivo móvil.

La elección del dispositivo hardware y el desarrollo de aplicaciones software customizadas e integradas en la red inalámbrica serán factores clave para el éxito de esta arquitectura. Profundizando en el tema, deberá soportar:

- El uso de etiquetas inteligentes para identificación de equipos, componentes de almacenamiento y manipulación de datos, informes de trabajos de mantenimiento y resultados de diagnósticos de maquinaria.

- Comunicación inalámbrica con sensores inteligentes y señales para análisis y diagnóstico remoto.

- Comunicación con sistemas CMMS para la gestión de recursos e información de existencias en recambios, órdenes de trabajo, localización e identificación de elementos, etc.

- Comunicación con plataforma web semántica.

- Análisis eficaz de costes.

- Visualización lógica y eficiente de datos en bruto, procesados y resúmenes de la información elaborada.

COMUNICACIONES INALÁMBRICAS.

De una PDA se espera disponibilidad total, por su definición debe de ser capaz de establecer una comunicación fluida entre el centro de mantenimiento, la máquina y los sensores en campo. Según los requerimientos de los sensores, el rango de conectividad, salida y entorno operativo se utilizarán distintas tecnologías para el enlace inalámbrico.

Las redes locales inalámbricas generalmente están disponibles en las edificaciones, con acceso a internet dispondremos de acceso remoto a los servidores WEB que necesitemos. Sin embargo, la red puede que no esté siempre disponible lo que supone un problema cuando se requiere una transmisión de datos de forma regular y sin interferencias por lo que es normal que exista un enlace cableado entre PC´s que gestionan el mantenimiento.

El enlace generalmente se realiza mediante conexiones USB, la misma conexión puede dar acceso a sensores con componentes de adquisición de datos que la soporten. Para la comunicación con etiquetas inteligentes RDFi se necesita un lector de etiquetas de radiofrecuencia conectado a la PDA, en la mayoría de los casos con disponibilidad de puerto USB.

Para localizaciones mas complejas se puede incluir un receptor GPS. Para que el Ingeniero de Mantenimiento sea capaz de gestionar todos los trabajos desde el mismo dispositivo es necesario disponer de conectividad total con teléfonos móviles, fax y e-mail, así como acceso a Internet. En realidad, cuando se trata de mantenimiento móvil de maquinaria no es probable encontrar una red WLAN disponible.

En la plataforma de e-mantenimiento el enlace inalámbrico elegido ha sido la red wifi, esta tecnología WLAN basada en las especificaciones IEEE 802.11 se ha desarrollado específicamente para dispositivos inalámbricos tales como las PDA´s. Actualmente los estándar de comunicaciones desarrollados permiten utilizar enlaces wifi con múltiples productos de consumo. Como desventaja, los sistemas Wifi pueden sufrir interferencias causadas por otras redes inalámbricas que operan en la banda de los 2,4 GH tales como hornos microondas y líneas telefónicas.

El consumo del dispositivo es también alto con respecto al de otras tecnologías lo que hace que el ciclo de vida de la batería sea un tema delicado. Las redes Wifi tienen limitaciones en cuanto a la distancia de emisión, unos 45 m en interiores y 90 m en exteriores.

Fieldbus	Master	Max segment length	Max speed	Wires	Max stations	Standard
ASI	Single	100m	167kb/s	2	32	EN50295
BITBUS	Multi	300m@375kb/s 500m@125kb/s	375kb/s	2	251	IEE1118 ISO11898
CAN	Multi	40m@1Mb/s 5km max	1Mb/s	2	64	ISO11519 open
ControlNet	Multi	250m/48nodes 500m@125kb/s	5Mb/s	Coax	99	Specified open
DeviceNet	Multi	100m@500kb/s 2km max	500kb/s	4	64	Specified open
Foundation Fieldbus	Multi	9,5km max	31,25kb/s	2	240	Specified
FIP	Multi	2km@1Mb/s	2,5Mb/s	2	256	EN50170
INTERBUS	Single	12,8km max	500kb/s	8	255	EN50253
LON	Multi	6,1km@5kb/s	1,2Mb/s	2	2	ANSI
Modbus plus	Multi	1,8km max	1Mb/s	2	32	Proprietary

Profibus FMS	Multi	19,2km@9,6kb/s 200m@500kb/s	500kb/s	2	127	EN50170
Profibus DP	Multi	1km@12Mb/s	12Mb/s	2	127	EN50170
Profibus PA	Single	1,9km	93,75kb/s	2	32	EN50170
Seriplex	Single	300m	250kb/s	4	510	Proprietary
HART	Single	Depend on physical media	Depend on physical media		15	Open

Figura 18. Características de los protocolos de comunicaciones más utilizados.

Desde el punto de vista del Ingeniero de Mantenimiento una PDA debería de ser el dispositivo perfecto en cuanto a capacidad de comunicación y enlace con otras redes, tamaño y facilidad de transporte pero desgraciadamente la demanda de dispositivos pequeños y de fácil visualización es contradictoria con las capacidades técnicas reales de los dispositivos. Especialmente el tamaño y resolución de la pantalla son de gran importancia cuando se utiliza el dispositivo para mostrar vídeos de cómo desmontar un elemento o cómo rellenar un informe de actuación.

Cuando observamos la tendencia del mercado parece que los pequeños dispositivos son más apreciados que el tamaño de la pantalla, sistemas con resolución VGA se utilizan para la supervisión de sistemas de monitorización en tiempo real y medida de la condición. Por todo ello, parece que serán los pequeños portátiles los dispositivos elegidos para la gestión del trabajo del Ingeniero de Mantenimiento.

Otro punto a tener en cuenta es la denominada "jerga" al rellenar los informes de mantenimiento. La definición verbal de los trabajos realizados y los elementos implicados pueden entorpecer el análisis de las incidencias y su utilización en sistemas de análisis semánticos. Facilitaremos la gestión de las mismas mediante listas de chequeo con opciones fácilmente reconocibles, esta solución también es fácilmente implementable en sistemas PDA y pequeños portátiles.

10. NORMAS PARA LA COMUNICACIÓN DE DATOS E INFORMACIÓN.

Los avances tecnológicos como los mencionados en el apartado anterior serán difíciles de aplicar si no existen normas adecuadas. En este sentido, las nuevas normas en los últimos años han permitido avances importantes tanto en el área de la comunicación inalámbrica (lo que facilita la conectividad de muchos sistemas miniaturizados), la comunicación y la arquitectura lógica de los procesos de mantenimiento. Los estándares relacionados se describen brevemente en la siguiente sección.

NORMAS Y TECNOLOGÍAS INALÁMBRICAS.

La red inalámbrica permite la comunicación de la información sin necesidad de cables. Existen muchos tipos de sistemas de comunicaciones inalámbricas y para su clasificación se tendrán en consideración varios parámetros tales como el coste, frecuencia, capacidad y tipo de redes inalámbricas, también se pueden dividir en función del tamaño del área en la que se cubren, lo que resulta en las siguientes categorías:

- Red inalámbrica de área personal (WPAN)
- Red inalámbrica de área local (WLAN)
- Red Inalámbricas de área metropolitana (WMAN)
- Red Inalámbrica de área amplia (WWAN).

Cualquier plataforma software de E-mantenimiento está sobre todo interesada en las ventajas que la tecnología inalámbrica LAN y tecnologías PAN pueden traer dentro de la fábrica. Los Estándares IEEE 802.11 son ya ampliamente utilizados y están disponibles comercialmente bajo las referencias 802.11a , 802.11b y 802.11g. Para las capas físicas, técnicas de espectro extendido se utilizan en la banda de 2,4 GHz de frecuencia ISM2 (802.11b / g) y 5 GHz banda (802.11a), que ofrece velocidades de datos que oscilan entre 1 Mbps y 54 Mbps. Para sistemas de comunicaciones inalámbricas, el rango de transmisión con los estándares 802.11 depende de varios factores, tales como velocidad de datos, potencia de transmisión y la frecuencia de radio.

Con la tecnología 802.11b, el rango típico de interior es de 30 m en 11 Mbit / s hasta 90 m en 1 Mbit / s. La tecnología 802.11x baja considerablemente cuando el tráfico de datos está relacionada principalmente con un gran número de pequeños paquetes.

Bluetooth (IEEE 802.15.1) es una especificación para redes inalámbricas de área personal, fue originalmente concebido para eliminar los cables entre dispositivos como teléfonos móviles, asistentes digitales personales, PCs portátiles y sus accesorios. Todos los dispositivos pueden ser fácilmente interconectados para coordinar e intercambiar información a través de esta infraestructura. Bluetooth también se utiliza una banda de 2,4 GHz ISM, y el rango de transmisión es por lo general alrededor de 10 a 100 m, con dispositivos Bluetooth de alta potencia.

ZigBee (IEEE 802.15.4) es un estándar inalámbrico desarrollado por la alianza alliance3 ZigBee. El consorcio ZigBee define una pila Zigbee con capas de red y aplicaciones por encima de la pila de IEEE 802.15.4, que ofrece a las capas físicas y MAC. El IEEE 802.15.4 en sí es una especificación fruto de la investigación de soluciones inalámbricas de datos a baja velocidad con una complejidad muy baja y muy bajo consumo (años con baterías estándar) [802.15.4]. Al contrario de Bluetooth, Zigbee soporta un gran número de nodos (con 64-bit del espacio de direcciones) en estrella, malla y redes tipo árbol. Sin embargo, para lograr una buena eficiencia energética en las capas físicas y MAC, Zigbee está optimizado para un rango corto, normalmente de 10 m con una velocidad máxima de 250 Kbps.

Una comparación entre estas tres tecnologías principales se muestra en la tabla siguiente:

Existen otras tecnologías de comunicaciones inalámbricas, entre estas WiMedia es una de las más prometedoras, de hecho, la banda ultra ancha (UWB) ofrece grandes oportunidades de corto alcance para redes multimedia inalámbricas. WiMedia está basado en las especificaciones de UWB y ha sido diseñada y optimizada para redes inalámbricas de área persona y redes de alta velocidad (480 Mbps y más allá), baja potencia y capacidades multimedia.

Technology	Max distance	Max speed	Frequencies	Power consumption	Modulation schema	Applications
HomeRF	50m	1-2Mb/s	2,4GHz ISM band	100mW	FHSS, 2FSK, 4FSK	Home networking solution
IrDa	1m	9,6Kb/s-16Mb/s	1,8MHz	100mW	Line of sight (LOS) with 30°	Data transfer between handheld instruments
IEEE 802.11a	100m	54Mb/s	5GHz	1mW	OFDM CSMA/CA	Industrial / home use
IEEE 802.11b	100m	11Mb/s	2,4GHz	1mW	CCK	Industrial / home use
IEEE 802.11g	100m	54Mb/s	2,4GHz	1mW	OFDM	Industrial / home use
IEEE 802.11n	100m	54-600Mb/s	5GHz	1mW	MIMO SDM	Industrial / home use
Bluetooth	10m	1Mb/s	2,4GHz ISM band	1mW	FHSS, Gaussian frequency-shift keying	Peripheral communication, audio, handheld devices
ZigBee	75m	20Kb/s 40Kb/s	868MHz 915MHz	1mW	CSMA/CA	Sensor communication

Figura 19. Características de las tecnologías Wireless

11. INTERNET Y DATOS

En nuestros días Internet es un soporte real de los negocios. Se le considera una tecnología disruptiva porque su impacto en el mundo, haciendo posible y distribuyendo la comunicación o almacenando datos, es sinérgico con otras tecnologías de la comunicación.
El uso de internet para los propósitos del mantenimiento ha sido crucial para el concepto de e-mantenimiento. Actualmente los servicios WEB se han convertido en una tecnología fundamental para la mejora del mantenimiento permitiendo el procesado de los datos almacenados en un sistema central y su distribución en la WEB. Los PC's conectados a internet son capaces de intercambiar mensajes utilizando servicios WEB llevando información de análisis de datos, gestión, ejecución de órdenes y captura de eventos.

Por otra parte, la WEB semántica es un proyecto a nivel mundial que intenta crear un método global de intercambio de información dando un significado "semántico" al contenido de los documentos de la WEB de forma que sean comprendidos por las máquinas, haciendo que los datos requeridos se proporcionen en tiempo real mediante servicios WEB.
La adopción de esta nueva arquitectura es un proceso lento, las empresas disponen normalmente de una gran cantidad de

información en papel y no siempre es fácil transformar la cultura de la empresa.

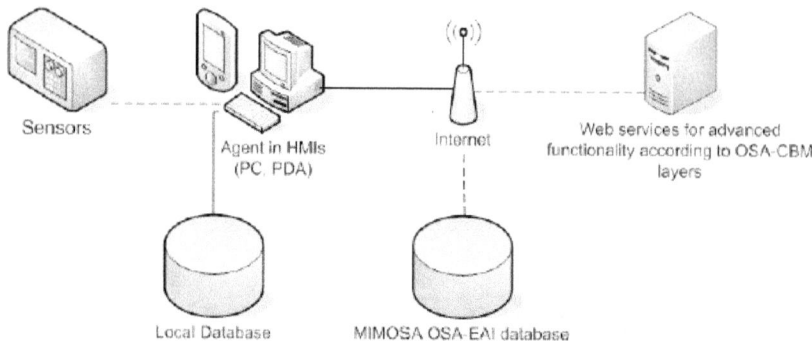

Figura 20. Arquitectura de comunicación entre HMI y servicios WEB, utilizando una BD MIMOSA

12. ARQUITECTURAS DE MANTENIMIENTO

Podemos clasificar los sistemas de mantenimiento según dos parámetros; el tipo de información utilizada en el sistema y el tipo de interrelación con otros sistemas.

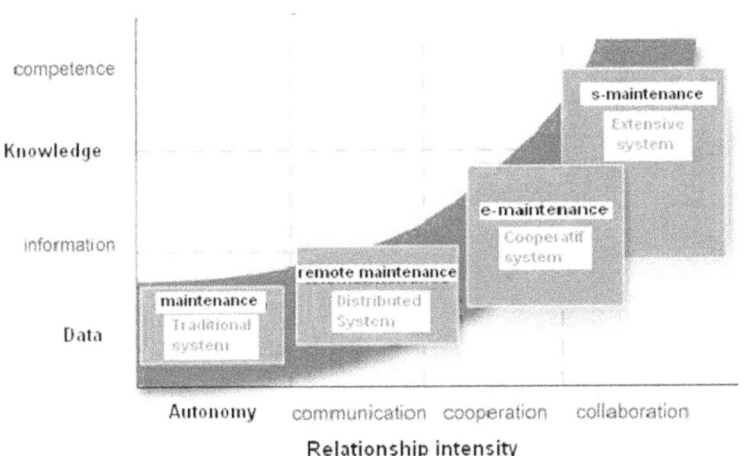

Figura 21. Clasificación de las arquitecturas de mantenimiento.

- La estructura de mantenimiento tradicional incluye la utilización de un solo PC para dedicarlo a las tares de mantenimiento. Corresponde a la estructura de la empresa local y se trataría de la arquitectura tradicional de un sistema de información.

- Por mantenimiento remoto entendemos un sistema formado como mínimo por dos sistemas que se intercambian datos vía radio, línea telefónica o red local.

- Con la extensión de Internet el sistema de mantenimiento remoto evoluciona con la mejora de las tecnologías TIC al concepto de e-mantenimiento. El sistema de e-mantenimiento se implementa sobre una estructura que integra varios sistemas distribuidos que colaboran entre ellos y otras aplicaciones de mantenimiento. Esta plataforma debe dar soporte a través de Internet mediante tecnología WEB permitiendo intercambiar, compartir y distribuir datos e información para crear conocimiento común.

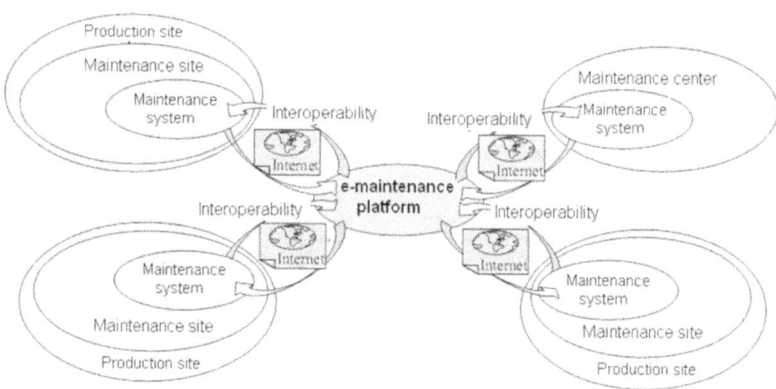

Figura 22. Arquitectura de e-mantenimiento

- Por último, se está proponiendo una nueva arquitectura para intentar mejorar la función de la estructura de e-mantenimiento sobre el nivel de comunicaciones y el intercambio de datos entre sistemas. Esta arquitectura se ha denominado "s-mantenimiento" (donde la s significa "semantic" semántico) y pretende hacer posible que se tenga en cuenta la semántica en el procesado de datos en las aplicaciones (Semantic Web Services).

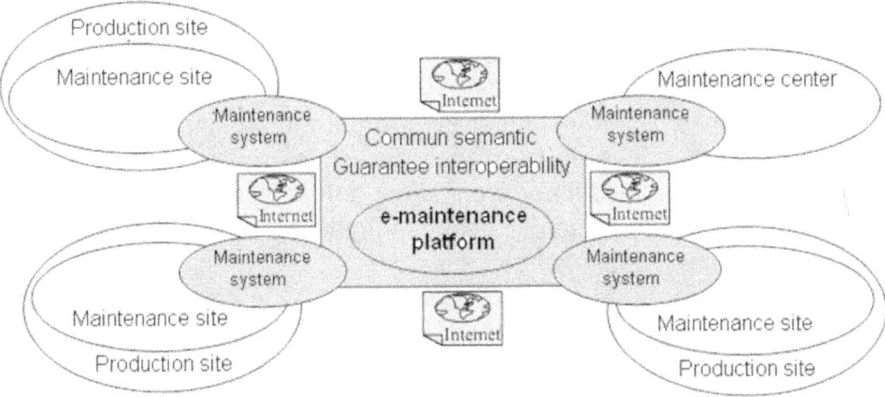

Figura 23. Arquitectura de s-mantenimiento.

Para permitir la interacción entre los diferentes sistemas los tipos de datos deben de estar bien identificados y cada sistema debe proporcionar una interfaz adecuada para utilizar la información necesaria. Ambas necesidades están lejos de ser triviales.

La redacción de un modelo de datos que satisfaga las diferentes aplicaciones es un desafío en sí mismo. Cuando es necesaria la creación de interfaces entre aplicaciones distintas, existen básicamente dos opciones:

(a) desarrollar un conjunto de interfaces específicos para cada aplicación.
(b) utilizar un puente estándar para el intercambio de los datos.

Los Interfaces especializadas son, sin duda, más eficaces en términos de rendimiento y uso de los recursos, sin embargo, crear una estrecha conexión entre las aplicaciones funciona bien sólo en el caso de que los sistemas de interfaces provengan del mismo proveedor o los proveedores colaboren estrechamente. Una interfaz estándar proporciona mucha más flexibilidad en el rendimiento en el supuesto de que todos los proveedores estén de acuerdo en seguir la misma norma.

La Arquitectura de los sistemas abiertos para la integración de aplicaciones empresariales (EAI-OSA) es un estándar que fue creado para resolver / remediar el problema de la integración de aplicaciones. Es un estándar abierto para intercambio de datos en varias áreas clave de la gestión de activos: gestión de registros, evaluación diagnóstica y pronóstica, datos de vibración y sonido, análisis de lubricación y aceites, líquidos y gases, información termográfica, fiabilidad etc...

OSA-EAI se compone de varias capas que definen el contenido del modelo de datos, relaciones y los interfaces. El esquema relacional común de información (CRIS) proporciona un esquema común para la aplicación de un modelo conceptual. La representación principal de CRIS es de esquema XML que define el formato común que todas las fuentes de datos deben ser capaces de traducir. Para facilitar la creación de fuentes de datos CRIS se proporcionan scripts compatibles con Oracle y Microsoft SQL.

La especificación OSA-EAI contiene una metodología obligatoria de identificación única para apoyar el intercambio de datos entre diferentes aplicaciones e incluso diferentes empresas. Esta metodología permite la integración de todos los elementos y la nomenclatura de los agentes de la identificación.

La jerarquía de los datos es muy flexible pero, obviamente, esa flexibilidad no viene de forma gratuita pues tiene como contrapartida los complejos mecanismos de referencia y la normalización extrema lo que puede causar una degradación del rendimiento global de la aplicación.

13. PLATAFORMAS E INFRAESTRUCTURAS DE E-MANTENMIENTO

Podemos considerar como una Plataforma de e-mantenimiento a un sistema software o hardware y software que integra totalmente los procesos físicos de campo con las herramientas de gestión de la empresa. Las plataformas mas conocidas actualmente son ICAS-AME, CASIP y la última versión KASEM, PROTEUS, TELMA DIAMOND, QUESTRA, ENIGMA y posiblemente la mas conocida DyNAWEB.

La mayoría de ellas están funcionando actualmente y se han desarrollado en el mundo industrial y académico. Algunas como DyNAWEB son el resultado del proyecto europeo de investigación denominado DYNAMITE (Decisiones dinámicas para el mantenimiento), un proyecto donde se han probado y validado muchos de los aspectos de las futuras tecnologías que apoyarán los procesos de e-mantenimiento.

Estas plataformas son aplicaciones software que permiten soportar nuevos servicios para el mantenimiento, muchas de ellas disponen de módulos CBM que permiten el acceso remoto del técnico especialista o experto al sistema mediante tecnología WEB para ayudar a realizar un diagnóstico y tomar la mejor decisión que afecte al activo.

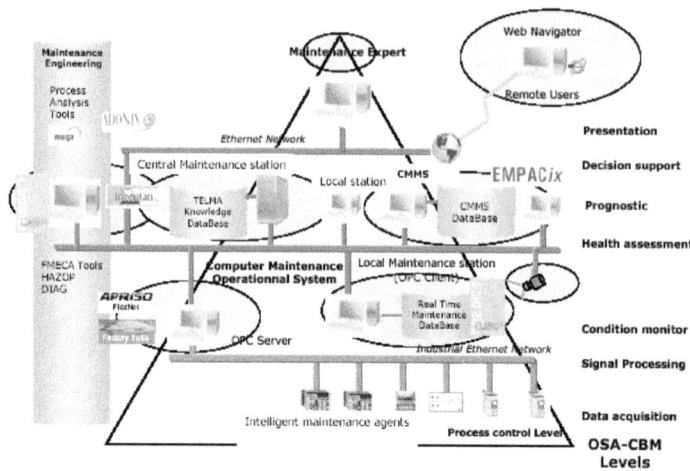

Figura 24. Integración de todos los componentes de mantenimiento en la plataforma o programa TELMA.

Solamente unas pocas plataformas desarrolladas recientemente como TELMA, DyNAWEB o KASEM se considera que cumplen totalmente con la filosofía del trabajo del e-mantenimiento.
Podemos clasificar las plataformas en 4 categorías según sus funcionalidades:

1. Las que soportan procesos de ingeniería y la implementación de nuevos servicios de mantenimiento.

2. Las que integran las tecnologías necesarias para enlazar los principios de colaboración y sincronización que completan los servicios de mantenimiento.

3. Las que soportan interoperatividad semántica y técnica para la correcta interconexión de todas las tecnologías anteriores y hacer la plataforma operativa.

4. Las que integran los servicios de e-mantenimiento con otros procesos de la empresa (integración con herramientas ERP y

MES) Entrerprise Resource Planning – Manufacturing Execution System.

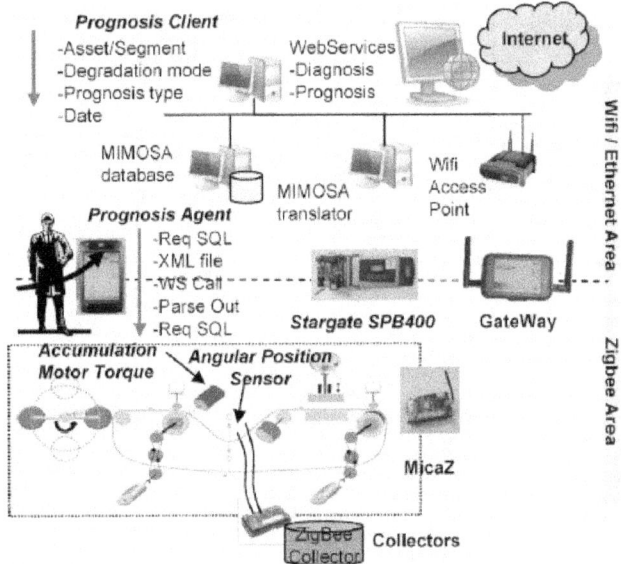

Figura 25. Plataforma de e-mantenimiento TELMA

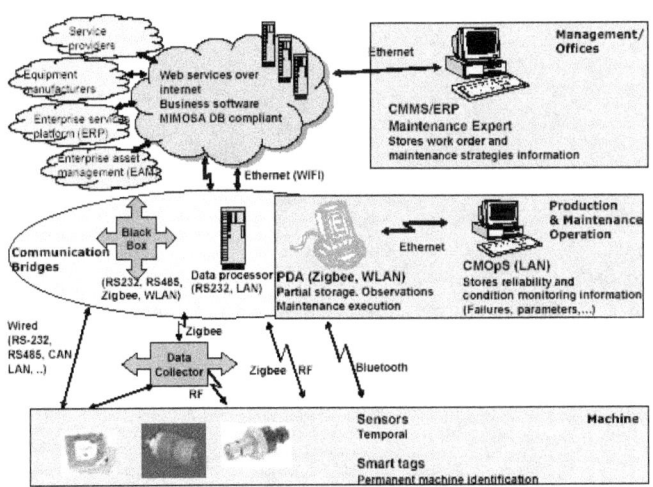

Figura 26. Estructura TIC de DynaWEB

En definitiva, estos sistemas que dan apoyo al e-mantenimiento han sido desarrollados para servir de base a las estrategias de mantenimiento basado en la condición CBM y al mantenimiento proactivo según modelo OSA/CBM integrando estas estrategias con los objetivos globales del sistema de fabricación/gestión de la planta.

Su diseño está orientado a un uso local (en la misma industria) en las actividades normales de la gestión del mantenimiento pero también para ser utilizado via internet para operaciones de e-servicios y para el acceso vía VPN a datos e indicadores.

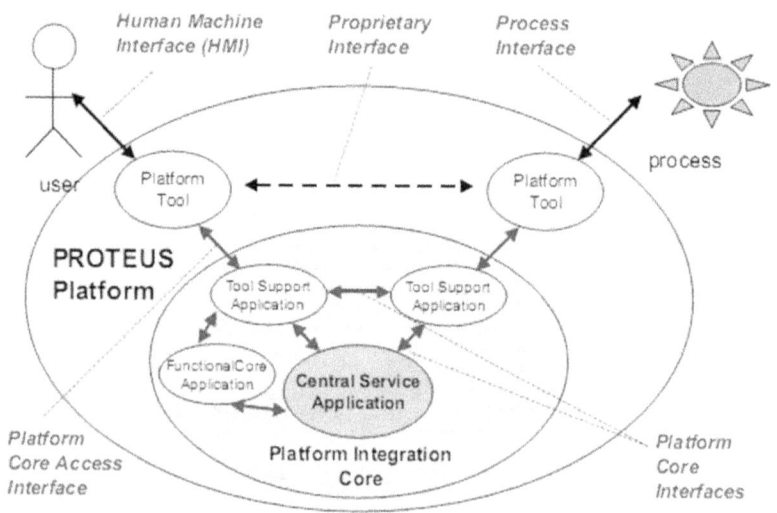

Figura 27. Arquitectura de plaforma de e-mantenimiento PROTEUS

14. RELACIONES ENTRE ARQUITECTURAS DE SISTEMAS DE MANTENIMIENTO

Gracias a la evolución de la tecnología y la informática los sistemas de información que inicialmente trabajaban de forma independiente y autónoma comenzaron a cooperar entre sí intercambiando información. Recientemente las nuevas tecnologías de información han sido capaces de evolucionar de aquellos sistemas a un sistema integrado donde la cooperación y colaboración son esenciales en cualquier operación.

Existen diferentes tipos de relación entre sistemas y esta diferencia junto con la complejidad de la información intercambiada será la base de la clasificación de las diferentes arquitecturas de los sistemas de E-mantenimiento.

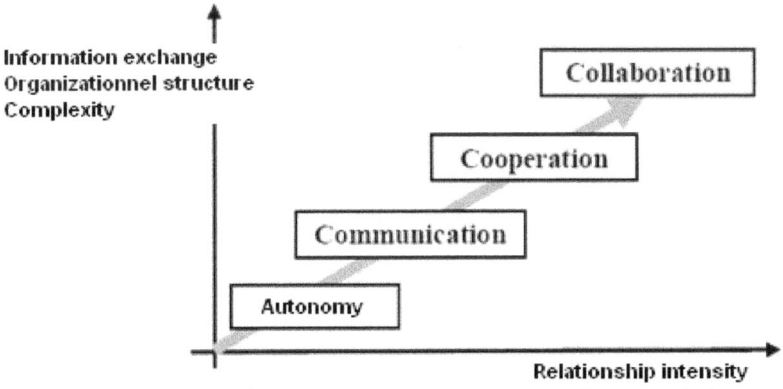

Figura 28. Relaciones funcionales entre arquitecturas de mantenimiento.

1. La estructura autónoma se establece cuando el sistema tiene el máximo de capacidad de gestión y es independiente de otros sistemas y componentes. Debe de ser autosuficiente en términos de necesidad de información para la gestión.

2. La estructura abierta, se produce cuando los sistemas son capaces de interconectarse e intercambiar información, no solamente alfanumérica, sino también imágenes, video y resto de sistemas multimedia.

3. La estructura cooperativa, se presenta cuando el proceso se organiza mediante una división del trabajo en la que cada actor es responsable de parte de la resolución del problema. En nuestro contexto, la cooperación es principalmente tecnológica e industrial, esto se traduce en un acuerdo de cooperación entre sistemas independientes que se comprometen a llevar juntos la gestión de los servicios de mantenimiento.

4. La estructura colaborativa es mas bien una asociación estratégica para alcanzar la excelencia mediante la combinación de habilidades, suministradores o productos. La colaboración compromete objetivos comunes, información y habilidades para mejor adaptarlos al entorno de cada organización.

La implementación de estas arquitecturas de mantenimiento se pueden llevar a cabo mediante programas cuya función principal es la de ofrecer servicios de soporte al mantenimiento a través de Internet, como ejemplo tenemos la plataforma PROTEUS y el proyecto OSA/CBM.

15. ARQUITECTURA OSA-CBM

Como ya hemos dicho, el e-mantenimiento se materializa mediante el CBM (Mantenimiento Basado en la Condición), la implementación de un sistema de CBM por lo general requiere la integración de una variedad de componentes de hardware y software.

Un sistema completo de CBM puede estar compuesto por una serie de bloques funcionales o capacidades; detección y adquisición de datos, manipulación de datos, monitorización de condiciones, evaluación de la salud / diagnóstico del dispositivo, pronóstico y la toma de las decisiones. Además, se necesita de algún tipo de sistema de interfaz humana (HSI) para proporcionar un medio de mostrar la información importante y facilitar el acceso del usuario al sistema.

Existe una amplia gama de requisitos a nivel de sistema que incluye la comunicación e integración con sistemas antiguos o heredados, la protección de datos privados y los algoritmos, la necesidad de ampliación o mejora, reducción del tiempo de diseño de ingeniería y costes.

Con estos requisitos en mente, OSA-CBM (arquitectura de sistema abierto para la condición de mantenimiento basado en www.mimosa.org), está diseñado como un marco abierto no propietario CBM de comunicaciones para proporcionar una plataforma funcional lo suficientemente flexible como para adaptarse a una amplia gama de aplicaciones.

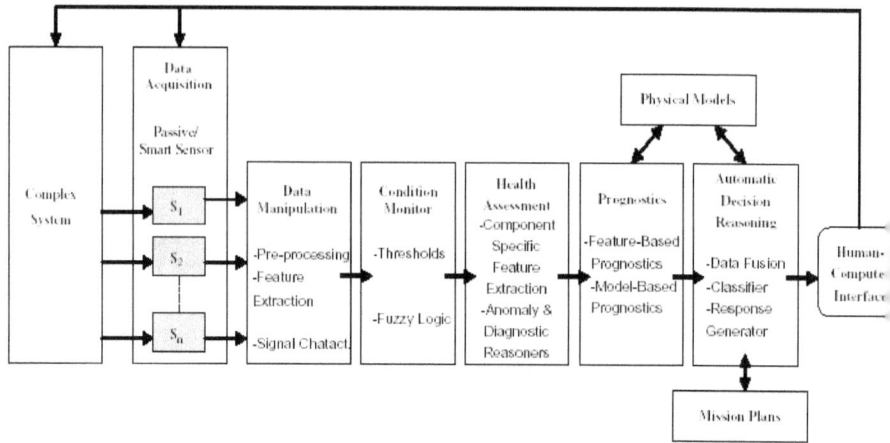

Figura 29. Arquitectura OSA-CBM

El proyecto MIMOSA (Machinery Information Open Systems Alliance) fue el primer proyecto norteamericano en la década de los 90 para desarrollar un complejo sistema de información para la gestión del mantenimiento. El proyecto se enfocó a desarrollar una red de colaboración en mantenimiento con un protocolo estándar y abierto EAI (Entreprise Application Integration).

La organización recomienda y desarrolla estándares para la integración de información que permite la gestión y el control del valor añadido mediante soluciones abiertas, integradas y orientadas a la industria.

La alianza MIMOSA ™ es una alianza entre proveedores de soluciones para Operación y Mantenimiento (O & M) y el usuario final. Las empresas que se centran en impulsar y consensuar el desarrollo de estándares de datos abiertos para permitir que los estándares basados en O & M de interoperabilidad (MIMOSA) sean utilizados por todos los clientes del sistema.

La estandarización de un protocolo de red dentro de la comunidad de desarrolladores de CBM y los usuarios hace que se creen componentes de hardware y softare intercambiables. El objetivo de la OSA-CBM es el desarrollo de una arquitectura y los procedimientos de intercambio de datos que permitan la interoperabilidad de los componentes del CBM. Las especificaciones están escritas en diferentes lenguajes, como el Lenguaje de Modelado Unificado (UML) y corresponden a una arquitectura estándar para que los Ingenieros de software presenten información de un sistema de mantenimiento basado en condición. Este manual está destinado a reducir la brecha entre desarrolladores de software y administradores de programas e integradores de sistemas.

Los fundamentos de la arquitectura se describen de acuerdo a las siete capas funcionales que se presentan a continuación:

- **Capa 1 - Adquisición de datos:** proporciona la conexión del sistema de CBM con el sensor o los datos digitalizados del transductor

- **Capa 2 - Manipulación de datos:** Se realizan transformaciones de la señal.

- **Capa 3 - Monitorización de condiciones:** este módulo recibe los datos de los sensores, compara los datos con los valores esperados o los límites de las operaciones y genera alertas en base a estos límites.

- **Capa 4 - Evaluación de la salud del dispositivo:** este módulo recibe los datos de monitorización de estado y establece si la salud del componente supervisado se mantiene o se degrada. Además, es capaz de generar un diagnóstico basado en la tendencia del historial de averías, el estado de funcionamiento, la carga, y el historial de mantenimiento, y también las posibilidades de fallo.

- **Capa 5 - Pronóstico:** estimación de la vida útil restante, teniendo en cuenta las estimaciones de utilización en el futuro.

- **Capa 6 - Apoyo a las decisiones:** este módulo genera recomendación de acciones, relacionados con el mantenimiento o la forma de ejecutar el mismo hasta que la misión se haya completado sin ocurrencia de averías, y las acciones alternativas. Tiene en cuenta la historia operativa, el perfil de la misión actual y futura, de alto nivel y objetivos de la unidad donde está ubicado.

- **Capa 7 - Capa de presentación:** presenta la información obtenida de forma que el ingeniero de mantenimiento pueda interpretarla y adoptar el tipo de mantenimiento adecuado.

16. LOS DATOS Y EL PROCESAMIENTO DE LA INFORMACIÓN,

Con la denominada sociedad de la información se está produciendo un fenómeno curioso, día a día se multiplica la cantidad de datos almacenados. Sin embargo, contrariamente a lo que pudiera esperarse, esta explosión de datos no supone un aumento de nuestro conocimiento, puesto que resulta imposible procesarlos con los métodos clásicos.

La mayoría de las multinacionales generan más información en una semana que la que cualquier persona podría leer en toda su vida, e incluso las pequeñas empresas generan un volumen de datos que no son capaces de manejar. De modo que actualmente nos enfrentamos a la paradoja de que, cuantos más datos están disponibles, menos información tenemos. Esta reflexión es extensible a la mayoría de procesos industriales.

Para superar este problema, en los últimos años han surgido una serie de técnicas que facilitan el procesamiento avanzado de los datos y permiten realizar un análisis en profundidad de los mismos de forma automática.

La idea clave es que los datos contienen más información oculta de la que se ve a simple vista. Mediante este estudio se quiere ofrecer una perspectiva general del proceso completo de extracción del conocimiento oculto en los datos, denominado **KDD** (*Knowlegde Discovery in Databases*) y, más en concreto, de las técnicas utilizadas en la fase de descubrimiento de información propiamente dicha, denominada **Data Mining**.

El mecanismo más habitual para estructurar la información de un negocio es haciendo uso de un *Data Warehouse*. Las definiciones más habituales de este término son:

- Almacén de datos. Plataforma que concentra la información de interés de toda la empresa.

- Sistema que permite el almacenamiento en un único entorno de la información histórica e integrada proveniente de los distintos sistemas de la empresa y que refleja los indicadores clave asociados a los negocios de la misma.

- Sistema de información orientado a la toma de decisiones empresariales que, almacenando de manera integrada la información relevante del negocio, permite la realización de consultas complejas con tiempos de respuesta cortos.

- Sistema orientado a dar información en términos de negocio en vez de datos en términos de explotación.

Como se puede apreciar, las palabras más empleadas son: información de interés, negocio, integración,... de su conjunto podemos expresar que el *Data Warehouse* es un almacén estructurado de la información clave de nuestro negocio, que integra datos provenientes de todos los departamentos, sistemas, etc. y que nos permite analizar el funcionamiento de nuestros procesos y tomar decisiones sobre su gestión. No se trata de una simple agregación de las diferentes bases de datos. Es importante destacar que hay algunas diferencias de concepto respecto a éstas y a su forma de uso.

Una base de datos operativa almacena la información de un sector del negocio, se actualiza a medida que llegan datos que deban ser almacenados y se opera mediante los cuatro mecanismos clásicos "Añadir-Eliminar-Modificar-Imprimir":

- Clásicamente se orienta hacia la elaboración de informes periódicos.

- Suele manejar pequeños volúmenes de datos.

- Entorno dimensionado para muchas transacciones (gran cantidad de actualizaciones).

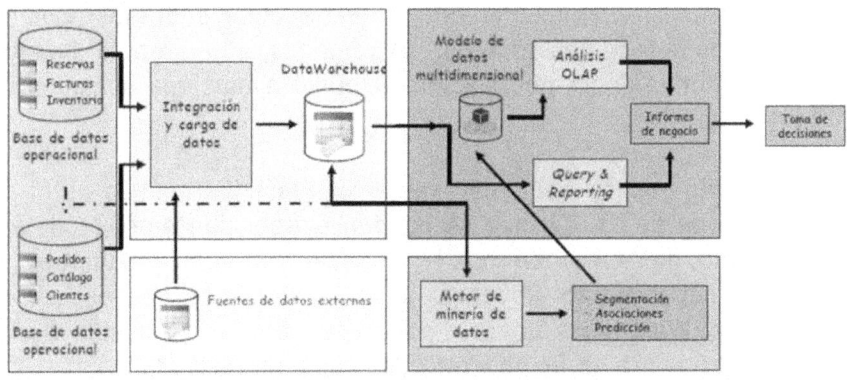

Fig. 30 Arquitectura tecnológica del Proceso

En cuanto al *Data Warehouse*, su actualización se realiza a intervalos regulares (típicamente una al día) dentro de un proceso controlado, y tras realizar un preprocesado de los datos que se van a almacenar. Su orientación es hacia la consulta del estado del negocio.

- Se ofrece información bajo demanda (análisis libre mediante el uso de herramientas de generación de informes que atacan el *Data Warehouse*).

- Refleja el modelo de negocio, frente al modelo de proceso.

- Se dimensiona para consultas largas y elaboradas.

- Actualizaciones controladas y no eliminación de datos (el *Data Warehouse* contiene toda la historia de la compañía).

La estructura de esta gran base de datos es multidimensional, con diferentes puntos de vista que reflejan los distintos aspectos del negocio. Así los responsables de producto pueden analizar su evolución a lo largo del tiempo en diferentes sectores y localización geográfica. Sobre los mismos datos, los responsables de grandes cuentas pueden obtener información sobre los tipos de productos que se han vendido, por regiones, a lo largo del tiempo, un director regional podrá estudiar cómo evoluciona su mercado particular, etc.

El ejemplo clásico para representar un *Data Warehouse* es el de un cubo de datos, del que se pueden extraer diferentes "rodajas" o puntos de vista, se puede analizar una parte concreta, o estudiar el conjunto global. Cuando mantenemos una estructura de *Data Warehouse*, pero adaptada sólo a un sector de la empresa, o para un fin concreto, se utiliza un *Data Mart*.

Los *Data Marts* pueden extraerse del *Data Warehouse* de la empresa, aunque también es posible que el *Data Warehouse* se construya a partir de los *Data Marts* que se hayan ido diseñando e implantando en los diferentes departamentos. Este segundo enfoque es el que se utiliza cuando se comienza por aplicar estas técnicas en algunas de las áreas del negocio y no en su globalidad.

EL CONTROL ESTADÍSTICO DE LAS VARIABLES A SUPERVISAR (SPC)

El estado normal o natural de los procesos no sometidos a control es la inestabilidad, es decir, procesos que no tienen un patrón de comportamiento fijo. Mediante la mejora que aporta el control estadístico de procesos se eliminan las causas especiales o asignables de variación, alcanzando el nivel de "proceso en estado de control". De esta forma el proceso se considera estable, con un patrón regular de comportamiento y por lo tanto previsible o pronosticable.

Cuando el proceso alcanza tal estado, la distribución se aproxima a la gaussiana o normal. No obstante, aunque sea estable sigue existiendo una variabilidad debido a las causas comunes o no asignables. Trataremos de reducir y acortar esta variabilidad, minimizando la dispersión para aumentar el número de unidades que caigan dentro del intervalo de tolerancia establecido entorno al valor óptimo de la característica de calidad considerada.

Mediante diagramas o gráficos de control analizaremos, supervisaremos y controlaremos la estabilidad de nuestro proceso, a través del seguimiento de los valores de las características de calidad (evolución temporal de las señales analógicas de vibración y temperatura) y su variabilidad.

Para elaborar el gráfico de control emplearemos el diagrama de líneas. En base a los datos obtenidos, y estando el proceso bajo control se calculan unos límites de control superior (LCS) e inferior (LCI) entre los que variará la mayor parte de valores de la variable sometida a control. Los márgenes o bandas fuera de los límites de control servirán para tener controlada la variabilidad del proceso y apreciar aquellos valores que salen fuera de la zona establecida, problema éste que habrá que resolver para tener dominado o controlado el proceso.

Mediante los gráficos de control se puede determinar si las variaciones de la señal son de tipo puntual cuando sólo existe alguna que otra muestra de la variable que se sale de los límites, o por el contrario, si se representa un fenómeno continuo, lo que indicará un cierto desajuste en el proceso sobre el que se tendrá que actuar.

Una vez analizados los datos y obtenidos los límites de control definiremos para cada variable analógica los valores de alarma que nos indicarán una evolución anómala en su tendencia temporal.

Utilizaremos 2 tipos de alarma; en valores absolutos (la evolución de la señal llega a un punto determinado de alarma) y en valores relativos (incremento de la señal en el tiempo). Si en cualquier momento se detectara alguna de estas alarmas el operador del proceso genera una orden de mantenimiento para su revisión según fuera su origen (instrumentación, mantenimiento preventivo o fallo de comunicaciones).

Si la incidencia reviste gravedad y el analista de control lo considera oportuno desde la aplicación local del departamento conecta vía Ethernet con el PLC local de la instalación a través de TCP/IP y captura los datos en tiempo real del sistema para realizar un análisis más exhaustivo. Compara los datos obtenidos con los considerados como controlados correspondientes a la máquina en cuestión y almacenados en la base de datos local y se actúa en consecuencia según el problema observado.

MINERÍA DE DATOS APLICADA A LA TOMA DE DECIONES EN MANTENIMIENTO

La minería de datos puede definirse como la extracción no trivial de información implícita, previamente desconocida y potencialmente útil, a partir de los datos. Para conseguirlo hace uso de diferentes tecnologías que resuelven problemas típicos de agrupamiento automático, clasificación, asociación de atributos y detección de patrones secuenciales.

La minería de datos es, en principio, una fase dentro de un proceso global denominado descubrimiento de conocimiento en bases de datos (Knowledge Discovery in Databases o KDD), aunque finalmente haya adquirido el significado de todo el proceso en lugar de la fase de extracción de conocimiento.

Las técnicas de minería de datos se emplean para mejorar el rendimiento de procesos de negocio o industriales en los que se manejan grandes volúmenes de información estructurada y almacenada en bases de datos. Se trata de un proceso analítico diseñado para explorar grandes volúmenes de datos con el objeto de descubrir patrones y modelos de comportamiento o relaciones entre diferentes variables.

Esto permite **generar conocimiento** que ayuda a mejorar la toma de decisiones en los procesos fundamentales de un negocio.

La minería de datos permite obtener valor a partir de la información que registran y manejan las empresas, lo que ayuda a dirigir esfuerzos de mejora respaldados en datos históricos de diversa índole. Por ejemplo, se usan con éxito en aplicaciones de control de procesos productivos, como herramienta de ayuda a la planificación y a la decisión en marketing, finanzas, etc.

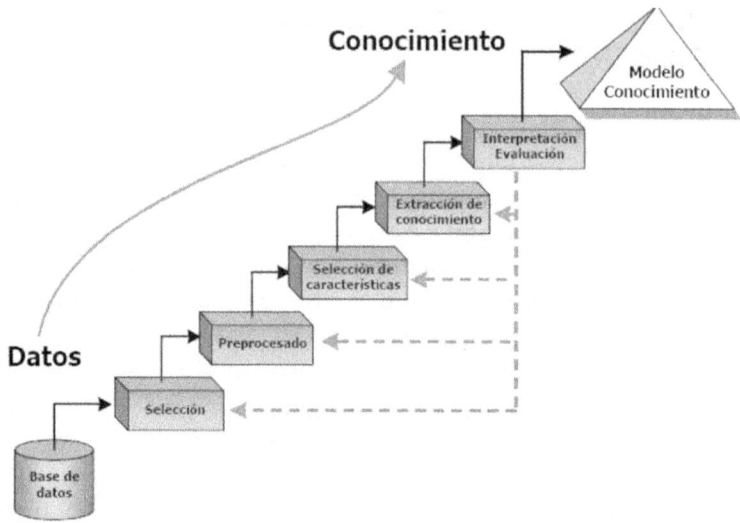

Fig. 31 Proceso de Minería de Datos

Asimismo, la minería de datos es fundamental en la investigación científica y técnica, como herramienta de análisis y descubrimiento de conocimiento a partir de datos de observación o de resultados de experimentos. La minería de datos comprende una serie de técnicas, algoritmos y métodos cuyo fin es la explotación de grandes volúmenes de datos de cara al descubrimiento de información previamente desconocida y que pueda ser empleada como ayuda a la toma de decisiones.

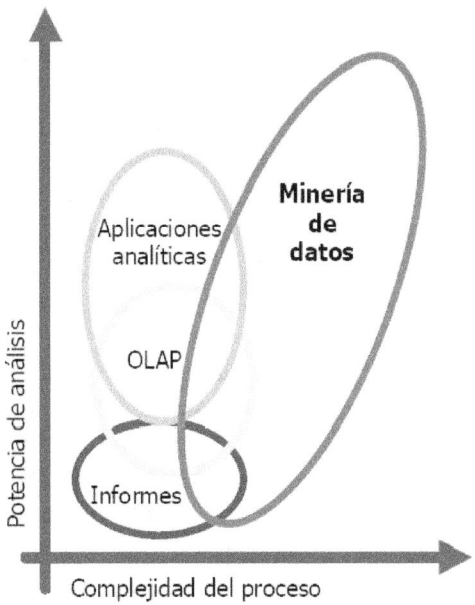

Fig. 32 Complejidad del proceso versus Potencia análisis

Es habitual confundir la minería de datos con un análisis estadístico de éstos. La diferencia fundamental entre ambas técnicas es muy clara: para conseguir una afirmación como la que ha sido utilizada en el ejemplo anterior (*Más del 60% de las personas que adquieren queso fresco compran también algún tipo de mermelada)* utilizando un paquete estadístico, es necesario conocer a priori que existe una relación entre el queso fresco y la mermelada, y lo que realizamos con nuestro entorno estadístico es una **cuantificación** de dicha relación.

En el caso de la minería de datos el proceso es muy distinto: la consulta que se realiza a la base de datos (al *Data Warehouse*) busca relaciones entre parejas de productos que son adquiridos por una misma persona en una misma compra. De esa información, el sistema deduce, junto a otras muchas, la afirmación anterior. Como podemos ver, en este proceso **se realiza un acto de descubrimiento de conocimiento real**, puesto que no es necesario ni siquiera sospechar la existencia de una relación entre estos dos productos para encontrarla.

La evolución de la tecnología ha facilitado y automatizado en gran medida las tareas de análisis de información. Cada paso en esta evolución se apoya en los anteriores y cada uno de ellos ha supuesto un avance significativo para el usuario, que ha visto cómo cada progreso le abría nuevas posibilidades de análisis y aumentaba el nivel de abstracción de las consultas.

Para decidir cuál es la técnica más adecuada para una determinada situación, es necesario distinguir el tipo de información que se desea extraer de los datos. Según su nivel de abstracción, el conocimiento contenido en los datos puede clasificarse en distintas categorías y requerirá una técnica más o menos avanzada para su recuperación:

- *Conocimiento evidente,* Información fácilmente recuperable con una simple consulta (SQL). Un ejemplo de este tipo de conocimiento es una pregunta como "¿Cuáles fueron las ventas en España el pasado marzo?" o "¿Cuál es la edad media de mis clientes?".

- *Conocimiento multi-dimensional,* El siguiente nivel de abstracción consiste en considerar los datos con una cierta estructura. Por ejemplo, en vez de considerar cada transacción individualmente, las ventas de una compañía pueden organizarse en función del tiempo y de la zona geográfica, y analizarse con diferentes niveles de detalle (país, región, localidad...). Técnicamente, se trata de reinterpretar una tabla con n atributos independientes como un espacio n-dimensional, lo que permite detectar algunas regularidades difíciles de observar con la representación monodimensional clásica. Este tipo de información es la que analizan las herramientas OLAP, que resuelven de forma automática cuestiones como "¿Cuáles fueron las ventas en España el pasado marzo? Aumentar el nivel de detalle: mostrar las de Madrid."

- **Conocimiento oculto,** Información no evidente, desconocida a priori y potencialmente útil, que puede recuperarse mediante técnicas de minería de datos, como reconocimiento de regularidades. Esta información es de gran valor, puesto que no se conocía y se trata de un descubrimiento real de nuevo conocimiento, del que antes no se tenía idea, y que abre una nueva visión del problema. Un ejemplo de este tipo sería "¿Qué tipos de averías tenemos? ¿Cuál es el perfil típico de cada clase de avería?".

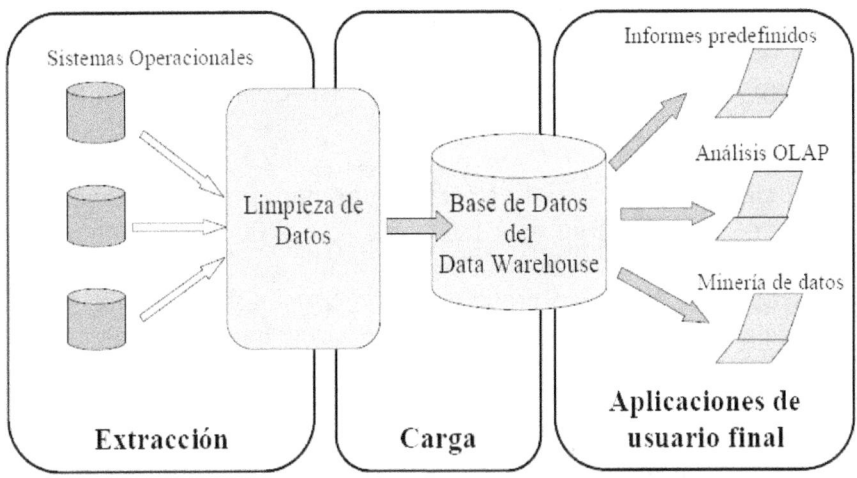

Fig. 33 Fases de la clasificación

Como se ve, las técnicas disponibles para extraer la información contenida en los datos son muy variadas y cada una de ellas es complementaria del resto, no exclusivas entre sí. Cada técnica resuelve problemas de determinadas características y, para extraer todo el conocimiento oculto, en general será necesario utilizar una combinación de varias.

La mayor parte de la información de interés contenida en una base de datos, aproximadamente el 80%, corresponde a conocimiento superficial, fácilmente recuperable mediante consultas sencillas con SQL. El 20% restante corresponde a conocimiento oculto que requiere técnicas más avanzadas de análisis para su recuperación.

Estas cifras pueden dar la falsa impresión de que la cantidad de información recuperable mediante técnicas de minería de datos es despreciable. Sin embargo, se trata precisamente de información que puede resultar de vital importancia para el proceso productivo y que no se puede desdeñar.

Básicamente, y como ya hemos comentado, la clave que diferencia la minería de datos respecto de las técnicas clásicas es que el análisis que realiza **es exploratorio, no corroborativo**. Se trata de descubrir conocimiento nuevo, no de confirmar o desmentir hipótesis.

Con cualquiera de las otras técnicas es necesario tener una idea concreta de lo que se está buscando y, por tanto, la información que se obtiene con ellas está condicionada a la idea preconcebida con que se aborde el problema. Con la minería de datos es el sistema y no el usuario el que encuentra las hipótesis, además de comprobar su validez.

La minería de datos, esencialmente, permite obtener a partir de los datos un **modelo** del problema que se analiza, bien sean las ventas de un artículo para mejorar la campaña de marketing, las características técnicas de un producto en control de calidad o un proceso industrial cuyo control se desea optimizar, por citar algunos ejemplos. El modelo obtenido permitirá simular el comportamiento del sistema real y obtener conclusiones aplicables en el día a día.

Aplicaciones De la minería de datos en Procesos industriales.

La aplicación básica de la minería de datos en el entorno industria es el control de procesos. Estas técnicas permiten explotar la información disponible sobre un sistema o proceso y utilizar los modelos desarrollados (bien de un sistema o proceso global, o bien de una parte concreta del mismo) para:

- *Automatizar y optimizar el control del proceso.* En muchos sistemas se conoce el proceso suficientemente como para diseñar e implantar controladores a partir de análisis matemático del proceso. En otras ocasiones, esto no es posible, bien por que el proceso es enormemente complejo, bien porque no disponemos de todas las variables. En estas circunstancias, técnicas de minería de datos pueden ayudarnos a establecer relaciones entre las variables, y así diseñar los controladores adecuados.

- *Optimizar su rendimiento.* Los propios sistemas de aprendizaje pueden ser utilizados para adaptar los mecanismos de control de forma permanente, en función de los datos del proceso que vayamos recibiendo. De esta forma es posible optimizar el rendimiento del proceso, adaptando los controladores, en cada momento, a la situación de la planta.

- *Implementar programas de mantenimiento predictivo.* Uno de los problemas de todo equipo de mantenimiento de un proceso es establecer el calendario de reparaciones. Las reparaciones, limpiezas y ajustes programados suponen en muchos casos parar el proceso productivo, con las consiguientes pérdidas, no sólo de lo que se deja de producir sino de los costes de parada y arranque de la cadena. Un análisis profundo de los datos de que se disponga puede permitir hacer una planificación óptima de estas paradas, de manera que se minimice su impacto.

Otra serie de factores tecnológicos para la aplicación de las nuevas tecnologías a la gestión del mantenimiento tienen mucho que ver con el estado actual de los sistemas de automatización, la inteligencia artificial, y las herramientas de modelado para crear un modelo de tareas de mantenimiento.

Los sistemas disponibles en el mercado para la ayuda a la decisión sólo realizan pasos deductivos puesto que el aprendizaje es muy difícil de ser codificado. La capacidad de aprendizaje es realmente lo que nos hace considerar un sistema "inteligente" y no es posible considerar un sistema inteligente cuando sigue cometiendo el mismo error siempre.

El aprendizaje puede venir de dos maneras diferentes: como un **proceso por lotes** totalmente dependiente de los datos, donde se construye un modelo de un sistema de datos, o como **proceso adaptativo** que es un poco un modelo existente modificado por nuevos datos o conocimientos.

Centrándonos en los sistemas adaptativos, un enfoque interesante lo da la técnica de Inteligencia Artificial (IA) denominada Razonamiento Basado en Casos (CBR). Por lo general, los enfoques de IA se basan en el conocimiento general acerca de un problema y el establecimiento de asociaciones a través de un conjunto de relaciones generales entre los problemas y las conclusiones. Sin embargo, CBR utiliza el conocimiento específico de experiencias previas en situaciones particulares.

Un problema se resuelve encontrando una situación similar incierta (caso) en el pasado y la reutilización de la solución en la nueva situación. INRECA es una metodología de desarrollo de sistemas de CBR, hoy en día es capaz de facilitar el diseño de sistemas a partir de plantillas predefinidas.

Lo más interesante de esta técnica es la existencia de plantillas diseñadas específicamente para aplicaciones de mantenimiento. El sistema se actualiza continuamente y ha servido como base a herramientas como NBCWorks y aplicaciones que integran los árboles de decisión como forma de organización.

Otro modelo para la adaptación del conocimiento del mantenimiento son las redes bayesianas (BN). Una red bayesiana es un modelo que representa los estados de algunas partes del sistema que estamos modelando, en ellas se describe cómo estos estados se relacionan a través de las probabilidades condicionales.

Una BN debe representar a todos los posibles estados que pueden existir en nuestro sistema (una máquina-herramienta puede estar funcionando normalmente o dar un fallo, en un diagnóstico médico un hombre puede ser sano o enfermo).

En un sistema causal, algunos estados tienden a ocurrir con mayor frecuencia cuando los estados anteriores están presentes, las BN son muy útiles porque son adaptables. Es posible iniciar la construcción de una red con un conocimiento delimitado en nuestro dominio y hacerla crecer a medida que conocemos más información.

Además, es posible proporcionar información a la red si la solución dada no es correcta adaptándose las probabilidades entre los estados, por último, se puede manejar mejor la incertidumbre, como consecuencia, los modelos probabilísticos y más específicamente BN cada vez son más utilizados.

También podemos mencionar los sistemas de minería de datos como una serie de algoritmos que se emplean en la búsqueda de un modelo para la automatización de tareas de mantenimiento.

17. SEMANTIC WEB SERVICES PARA DISTRIBUIR EL CONOCIMIENTO EN MANTENIMIENTO

La WEB Semántica es un proyecto que pretende crear un medio universal de intercambio de información dando significado (semántico), de una manera comprensible por las máquinas, a la documentación contenida en la WEB. Aún dentro de la misma empresa existen distintos niveles de información, distintos flujos de información y distintos lenguajes de comunicación entre los activos, por lo que es importante optimizar la calidad y aplicabilidad de la información existente para mejorar el ciclo de vida de la empresa.

La Interoperatibidad semántica asegura que el emisor y el receptor de la información tengan una comprensión común del significado de los servicios y datos que se requieren. Alcanzar esta interoperatividad semántica entre diferentes sistemas de información es complicado, tedioso y tendente al error en un entorno distribuido y heterogéneo.

Entendemos por interoperatibilidad la capacidad de los sistemas de tecnologías TIC y de los procesos empresariales a los que apoyan, de intercambiar datos y posibilitar la puesta en común de información y conocimientos.

Es imprescindible para el logro y la mejora de la calidad en la gestión, el facilitar el acceso a la información correcta en el instante correcto.

18. E-MANTENIMIENTO Y GESTIÓN ECONÓMICA.

El mantenimiento de hoy todavía se considera en la mayoría de los casos más como un centro de coste que como una oportunidad de negocio ya que no es sencillo cuantificar el valor que las estrategias de mantenimiento avanzado pueden agregar a los procesos de operación existente ni al modelo de negocio global de una empresa.

Sin embargo, el negocio de mantenimiento avanza cuando las empresas entienden que los procesos de mantenimiento tienen más margen para la optimización de las operaciones. Hay muchos indicadores que adoptan múltiples variantes con el fin de poder justificar las inversiones en mantenimiento (EN-15341 Indicadores clave del desempeño del mantenimiento), indicadores financieros teniendo en cuenta el retorno de las inversiones (ROI: rendimiento de inversión, RONA: rendimiento del activo neto, OEE. Efectividad general del equipo) y también pueden ser un buen punto de partida para entender las tres principales áreas de productividad de la planta: **disponibilidad, calidad y eficacia en la producción**.

A pesar de que fiabilidad y disponibilidad han mejorado sustancialmente en la mayoría de las empresas, la eficiencia en los costes de ejecución de las operaciones de mantenimiento sigue siendo elevada.

Otra demanda del mercado relacionada con un número cada vez mayor de las empresas reconoce que el mantenimiento es la manera natural de extender el funcionamiento de los activos y los procesos productivos, y busca la oportunidad de avanzar hacia el negocio de los servicios. Esto puede generar importantes beneficios a las empresas que lleguen a disponer de un servicio competitivo y las hace menos vulnerables a los cambios del mercado.

Al final, hay un cambio hacia las actividades de mantenimiento como uno de los principales objetivos del negocio, mas orientado a mantener el necesidades de los clientes satisfechos (garantizando la producción activos en el momento adecuado y el estado de derecho) que sólo aumentar el número y calidad de los activos que se producen.

Esta tendencia a "servicios" es también parte de otra tendencia hacia modelos de negocio más sostenibles con el medio ambiente, aspecto en particular, cada vez económicamente más importante. Este nuevo modelo implica también menos costes relativos a materias primas, gastos de energía y necesidades de reciclaje.

Actualmente los progresos tecnológicos a nivel mundial se están centrando en dos campos principalmente, Internet y el desarrollo de las microtecnologías.

El uso de dispositivos miniaturizados se está expandiendo y los nuevos sensores reducen costes con respecto a la captura y adquisición de datos, disponen de buenas capacidades de comunicación y almacenamiento de datos y mejoran su versatilidad mediante dispositivos móviles y la tecnología inalámbrica.

En segundo lugar, Internet es por excelencia el vehículo de comunicación y almacenamiento distribuido de datos e información. La sinergia de los dispositivos móviles y las opciones de comunicación es realmente crucial para el aumento del comercio electrónico.

Estas dos tecnologías están revolucionando el mundo, desde los negocios y la política a las actitudes sociales y de ocio, pero todavía no han impactado tanto en el escenario de la Gestión del mantenimiento.

La llegada de estas tecnologías y la incorporación del modelo de gestión del E-mantenimiento esta generando nuevos servicios avanzados para las empresas de un alto valor añadido. La tendencia en la reducción de costes para las tecnologías de las TIC muestra una disminución constante que permite hoy en día su uso en un cada vez mayor número de escenarios.

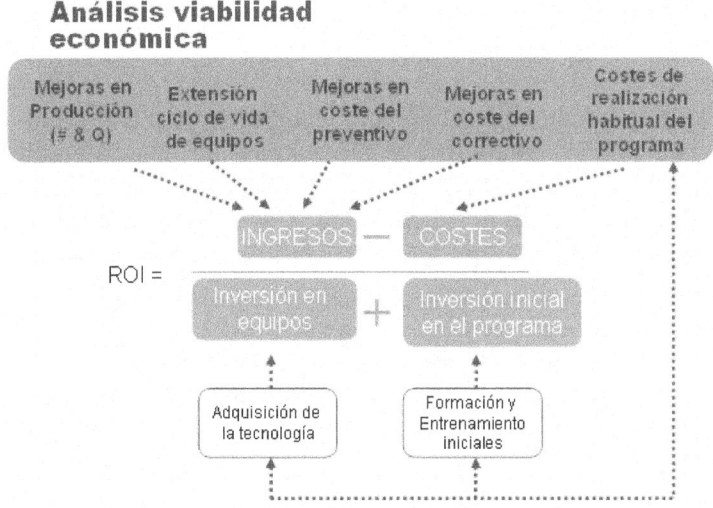

Figura 34. Análisis de viabilidad económica inversiones en Mantenimiento

Toda esta nueva tecnología que rodea todos los días las actividades y operaciones de mantenimiento, está teniendo graves implicaciones en la manera en que los operadores realizan su trabajo. Por ejemplo, debido al rápido desarrollo de los teléfonos inteligentes es probable que el técnico de mantenimiento sea equipado con un dispositivo capaz de realizar muchas tareas diferentes - no sólo de mantenimiento.

Muchos estudios muestran que es beneficioso realizar el paso de gestionar mediante los modelos del E-mantenimiento y CBM donde incluso pequeños pasos pueden justificarse económicamente.

Se sabe que el cambio de estrategias correctivas a las estrategias de mantenimiento predictivo permite reducir la degradación repentina de los activos y la producción de paros en la planta generando un aumento en la disponibilidad.

Los sistemas de vigilancia de la condición han basado tradicionalmente sus ventajas en una mayor seguridad en la detección temprana de los fallos y por tanto una reducción al mínimo del riesgo de los fallos repentinos.

Las estrategias basadas en la condición también pueden aumentar la disponibilidad mediante la ampliación de los intervalos de mantenimiento automático, el uso de sistemas RFID, junto con sistemas avanzados de CMMS permite que el mantenimiento disponga de herramientas y habilidades para abordar las órdenes de trabajo.

El diagnóstico automático y el pronóstico del estado de la maquinaria nos permite optimizar las acciones de mantenimiento, esto no sólo tiene como resultado la extensión de la vida útil del activo mediante el control de la condición del activo, sino también ayuda a decidir el período de mantenimiento óptimo para que los recursos cumplan el funcionamiento previsto.

El uso de nuevos sensores y sistemas de comunicación permiten la sustitución de las líneas manuales de inspección por líneas automatizadas donde puede haber una reducción en los costes de la organización (por ejemplo, la subcontratación de terceros, la formación propia del personal) en relación con la extracción, el acondicionamiento y análisis de la información relativa a las inspecciones manuales.

El coste de las inspecciones manuales junto con errores en la gestión de la información hacen que sea difícil mantener la alta frecuencia en el muestreo, lo que en algunos casos provoca que el Mantenimiento preventivo sea visto como ineficiente.

A medida que el principal potencial del mantenimiento predictivo es la capacidad de reaccionar a tiempo, las inspecciones en línea generan menos riesgos (en términos de evolución de los indicadores de fallo, en la anticipación, etc) y permitir más tiempo para programar la ejecución del mantenimiento.

Las tecnologías de e-mantenimiento pueden ayudar a mejorar los costes en el mantenimiento si se reducen las actividades ejecutadas por el hombre (Preventivas no programas o correctivas), también mejoran las condiciones de seguridad al disminuir el riesgo de accidentes disminuyendo las acciones de los operarios sobre aquellas máquinas de gran potencia y velocidad.

Los dispositivos RFID vuelven a desempeñar un papel importante en la seguridad. Estos sistemas junto con los correspondientes dispositivos inteligentes facilitan el acceso a datos y máquinas proporcionando orientación de cómo ejecutar la acción de mantenimiento. Reducen el tiempo para la ejecución y el riesgo de ejecución de un mantenimiento inadecuado, aumentan la fiabilidad y por lo tanto, la seguridad del proceso del mantenimiento de activos.

A pesar de que el futuro de la gestión del mantenimiento pasa por el mantenimiento de las inversiones en tecnología y formación esto debe ser apoyado por algo más que suposiciones de ahorros de costes. Es realmente difícil evaluar el beneficio de los sistemas de e-mantenimiento hoy en día, en los casos en que se produce un cambio de modelo de negocio (de producto hasta el servicio) no hay puntos de referencia para entender los beneficios que puede traer.

En la mayoría de los casos, una evaluación comparativa directa con los competidores o terceras empresas que han aplicado soluciones similares son parciales y / o sesgadas.

En muchas empresas, especialmente las PYME, la idea principal es "empezar de cero", sin embargo esto también es difícil, si no hay una idea cuantitativa de la situación inicial ni de los futuros avances. En estos casos, un paso necesario es adaptar los indicadores necesarios de rendimiento a las características de la empresa y seguir su evolución. Los índices más característicos donde se puede observar su efecto son el de fiabilidad del producto o disponibilidad que afectan directamente a los costes de mantenimiento, por ello es necesario determinar un método coherente para analizar cuáles son los aspectos más importantes a mejorar sobre los costes del mantenimiento.

Los análisis (costo-beneficio, costo-efectividad) comienzan a ser vistos como herramientas estratégicas que permiten la incorporación de las estrategias de predicción. En estos casos, es importante detectar los procesos más críticos o negativos o los indicadores de resultados que realmente están afectando al coste-eficacia, una vez realizado, es posible examinar y evaluar las tecnologías que puedan mejorar las estrategias de mantenimiento con un claro análisis de coste-beneficio.

Generalizando, es posible alcanzar grandes beneficios de la incorporación de las tecnologías de e-mantenimiento a partir de las estrategias orientadas al mantenimiento predictivo.

19. PERSPECTIVAS FUTURAS.

El mantenimiento ha pasado durante los últimos 50 años de ser una actividad de bajo perfil tecnológico a otra con un alto valor añadido, basada en las últimas investigaciones científicas, multidisciplinar y de importancia estratégica para la industria.

Este fenómeno ha sido posible mejorando la fiabilidad y disponibilidad de los procesos industriales, combinando nuevas tecnologías de análisis de fallos, sistemas de sensores, procesadores de señales, sistemas inteligentes de diagnóstico y pronóstico, sistemas de modelado e ingeniería de control, la fiabilidad en el diseño, los sistemas de análisis y riesgo y los sistemas expertos.

Los rápidos desarrollos en el campo de la electrónica, diseño de software, comunicaciones inalámbricas, capacidades de miniaturización y del hardware y el aumento de la potencia de cálculo han generado nuevos servicios con alta fiabilidad y disponibilidad y con capacidades de monitorización continua de la condición del activo en cualquier lugar del mundo donde sea necesario.

En caso de ocurrir un problema en el sistema podemos obtener asistencia técnica inmediata para que el activo vuelva a estar disponible en el menor tiempo posible.

A todo este nuevo enfoque se la ha denominado e-mantenimiento y su futuro pasa por los siguientes conceptos:

- El e-mantenimiento y su plataforma DyNAWEB ha alcanzado hoy en día el mismo nivel operativo que cualquier sistema software lo que le permite ser implementado en entornos industriales.

- La Plataforma DyNAWEB, compuesta de numeroso componentes, ha sido desarrollada siguiendo el modelo OSA-CBM.

- Los módulos de e-mantenimiento están integrados en el estándar MIMOSA y todos los datos entre módulos son gestionados de acuerdo con dicho estándar.

- Los sensores MEMS, sensores de lubricación, etiquetas inteligentes o sistemas RFID's son las piezas claves de la adquisición de datos para la monitorización de la condición o del estado del activo.

- Los dispositivos PDA actualmente se han convertido en la pieza clave que comunica al Ingeniero de Mantenimiento con los diferentes componentes del sistema de e-mantenimiento.

- El desarrollo de servicios WEB basados en internet para el análisis de la condición de los activos, su diagnóstico, pronóstico y soporte a la decisión estratégica y operacional juega un papel clave en la implementación del e-mantenimiento.

- Una plataforma de e-mantenimiento flexible requiere un buen sistema de comunicaciones inalámbricas. Los sistemas actuales presentan deficiencias para dar servicio a todas las funcionalidades de que se disponen y requerimientos técnicos. Para una aplicación en particular, la tecnología mas eficiente a un nivel no está adaptada para dar servicio a otro nivel de operación.

- La Plataforma de mantenimiento DyNAWEB se ha probado en las industrias demostrando resultados muy positivos con mejoras técnicas y económicas. La calidad de los componentes por separado y su funcionalidad es alta pero su integración no es inmediata y requiere una mayor esfuerzo. Para adaptar los sistemas software a las empresas, desde los CMMS a los sistemas SCADA, al concepto de e-mantenimiento se hace necesario utilizar componentes plug-in basados en tecnología WEB.

Durante los últimos años hemos visto el desarrollo de las técnicas de E-mantenimiento, los elementos clave son el amplio uso de Internet que se ha disparado y el rápido desarrollo de sensores con capacidad de procesamiento de datos.

Se puede afirmar que el uso de Internet en actividades de mantenimiento aún está en la etapa inicial, pero especialmente motivado por los cambios en las estrategias de fabricación de las industrias enfocadas al aumento de la vida útil de los equipos de fabricación, introducirá un gran salto en esta tecnología.

Este paso adelante será apoyado y fortalecido por el desarrollo de hardware, pero el factor más importante es la disponibilidad y facilidad de uso de los nuevos datos que pueden apoyar el diagnóstico y el pronóstico y elevar el nivel al punto que genera beneficio real para los técnicos de mantenimiento.

El desarrollo de nuevas técnicas de análisis de señales combinados con modelos de simulación puede ser el factor que realmente signifique un avance en el pronóstico del tiempo de vida de los componentes de maquinaria y, por consiguiente la condición real proactiva basada en el mantenimiento estará habilitada.

Muchas de las tecnologías disponibles y su introducción podrían ser fácilmente justificadas económicamente.

Los dispositivos móviles han demostrado jugar un importante papel en el e-mantenimiento al ofrecer importantes beneficios como son:

- Características de multiconectividad, conexión con sensores inteligentes, RFID´s, Wifi/Internet, redes telefónicas móviles, dispositivos periféricos, etc.

- Posibilidad de utilizarse como sistemas intermediarios para conectar y trasladar información entre dispositivos a nivel de operación (como RFID y sensores wireless).

- Posibilidad de emplearse como elementos de control móvil para ejecutar aplicaciones en múltiples localizaciones, 24 h al día.

- Posibilidad de utilizarse como interfaces de usuarios móviles, habilitando la adquisición de datos desde múltiples localizaciones y su volcado posterior a la central de mantenimiento, 24 h al día.

- Posibilidad de actuar como datalogger y bases de datos, ofreciendo capacidades de procesado y recolección de datos en el punto necesario y de forma óptima.

En cada uno de estos puntos se espera que los dispositivos móviles aplicados al e-mantenimiento se beneficien de la tendencia general existente para mejorar su hardware y software. Claramente se observa que las características hardware y software de las PDA´s crecen en términos de madurez y capacidad hasta llegar a mitigar la limitación de tamaño de estos dispositivos. Esto no implica, y sería erróneo pensar, que los dispositivos móviles llegarán a estar equipados como los potentes PC's de mantenimiento.

En nuestros días, muchas de las limitaciones de las PDA's no se consideran que sean críticas para su utilización como herramientas de trabajo en el mundo industrial, al contrario, se espera que sus funciones como ordenador portátil se incrementen con posibilidades de interconexión con redes inalámbricas industriales.

De esta forma, las aplicaciones disponibles crecerán en madurez esperando que un número cada vez mayor de proveedores de servicios ofrezcan herramientas que posibiliten que estos dispositivos operen con mayores características de interoperatividad para satisfacer las necesidades de mejora de la empresa actual en cuanto a los servicios de mantenimiento.

La futura aplicación de las TIC's al mantenimiento pasará por una mayor integración de los sistemas técnicos, operativos y de negocio, con mayores capacidades para hacer un uso inteligente de los datos almacenamos de campo. Los sistemas de adquisición de datos en campo dispondrán de señales con capacidades de procesado inmediato y análisis inteligente mientras que aumentará la velocidad de las comunicaciones con mejores elementos hardware y redes de comunicaciones mas robustas.

Existen limitaciones para la extensión de los sistemas TIC's aplicados al mantenimiento entre las que destacan la poca estandarización de los sistemas y componentes de comunicaciones y la necesidad de formación continua del Ingeniero de mantenimiento.

Componentes hardware como las PDA tienen una vida útil muy corta, se convierten en obsoletos rápidamente y al ser reemplazados son necesarios también cambios en el software del sistema. Muchos de los sistemas de comunicaciones que se necesitan actualmente existen pero no son universales y las herramientas para sus gestión están todavía en desarrollo (p.e. acceso a teléfonos móviles, redes WIFI, ZigBee y HART...).

La necesidad de utilizar una amplia variedad de conocimientos, desde herramientas de programación de sensores inteligentes a las de gestión de información de múltiples fuentes para tomar decisiones críticas sobre la gestión del mantenimiento y la actividad del negocio requiere de técnicos cualificados en los que su formación continua será un factor clave a tener en cuenta.

Como conclusión general el e-mantenimiento como técnica de gestión, gracias al desarrollo de las TIC's, ha alcanzado un nivel operativo que permite que sea implementado con éxito en cualquier tipo de industria ofreciendo mejoras en el control de los sistemas, su disponibilidad y eficiencia en el control de gasto.

20. ESTUDIO CASO PRÁCTICO 1

EMASESA, Empresa Metropolitana de Abastecimiento y Saneamiento de Aguas de Sevilla, gestiona el abastecimiento directo de agua potable de Sevilla y el de las poblaciones de Alcalá de Guadaíra, Camas, Dos Hermanas, Mairena del Alcor, San Juan de Aznalfarache, Coria de Río, La Puebla del Río, Alcalá del Río, La Rinconada y el Garrobo. Abastece también con agua bruta (sin tratar) a las 27 poblaciones situadas en el Aljarafe y a las localidades de Guillena y Las Pajanosas. En total 1.300.000 habitantes aproximadamente.

Para prestar estos servicios se cuenta con una amplia infraestructura de instalaciones entre las que se incluyen 3 Centrales Hidroeléctricas situadas en los embalses de Aracena, Zufre y La Minilla. Analizaremos el caso concreto de la Central Hidroeléctrica del embalse de Zufre.

La instalación está integrada en el sistema de control del abastecimiento de forma que en el Centro Principal de Control de EMASESA se recibe información de los distintos parámetros de explotación, posición de válvulas de guarda, distribuidores, potencias generadas, alarmas etc, pudiéndose actuar sobre el sistema de marcha – paro de la central para modificar las consignas de explotación. La minicentral de Zufre entró en servicio en el año 1992 y tiene las siguientes características:

- o Turbina tipo Francis de eje horizontal

- Velocidad nominal de 479 rpm
- Salto máximo de 59 m
- Caudal máximo de 9 m3/s
- Potencia 4.537 Kw

La turbina Francis pertenece al grupo de turbinas de reacción, es aquellas en las que el flujo se produce dentro de una cámara cerrada bajo presión. Se caracteriza porque recibe el flujo de agua en dirección radial, orientándolo hacia la salida en dirección axial; por lo que se considera como una turbina de flujo radial. Físicamente está compuesta por:

- Un distribuidor que contiene una serie de álabes fijos o móviles que orientan el agua hacia el rodete.

- Un rodete formado por una corona de paletas fijas, torsionadas de forma que reciben el agua en dirección radial y lo orientan axialmente.

- Una cámara de entrada, que puede ser abierta o cerrada en forma de espiral para dar una componente radial al flujo de agua.

- Un tubo de aspiración o de salida de agua que se encarga de mantener la diferencia de presiones necesaria para el buen funcionamiento de la turbina.

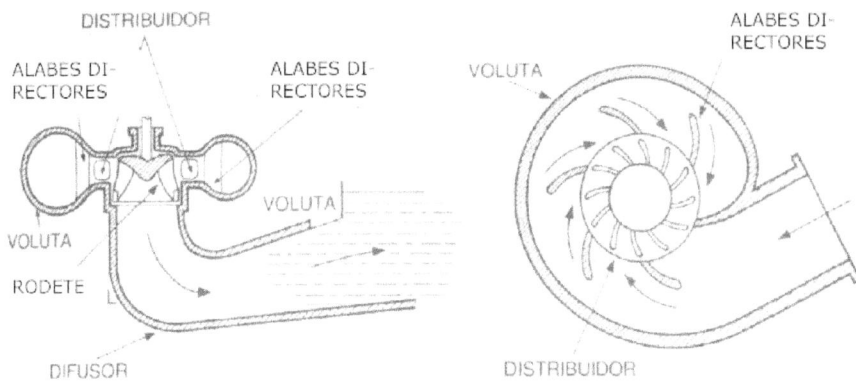

Figura 35. Gráfico turbina tipo Francis

Figura 36. Turbina Embalse de Zufre.

Mediante el mantenimiento condicional se pretende detectar los desgastes y daños en su etapa incipiente y seguir su evolución con las horas de funcionamiento de la máquina para evitar daños catastróficos y seleccionar el mejor momento posible para los desmontajes de la máquina. No se pretende sustituir las revisiones periódicas, sino alargarlas lo cual tiene una clara repercusión económica en lo gastos de mantenimiento.

Para conocer el estado de la máquina hay que proceder a medir parámetros estáticos y dinámicos para las distintas condiciones de funcionamiento del grupo. Si es posible conviene medir:
Los parámetros que definen el funcionamiento de la máquina y que pueden afectar a su comportamiento vibratorio:

- niveles aguas arriba y aguas abajo
- grado de apertura de distribuidor
- la carga
- las tensiones de excitación

Parámetros dinámicos:

- Vibración absoluta en estructura
- Vibración relativa entre eje y cojinete
- Pulsaciones de presión a la entrada y salida de la máquina
- Señal de fase

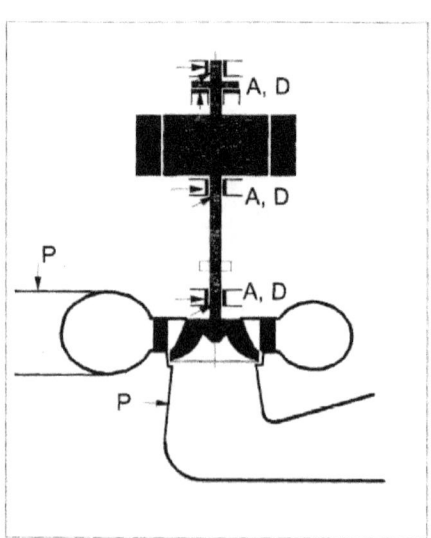

Figura 37. Esquema de un grupo vertical con la posición de los captadores. A—acelerómetros, D—sondas de vibración P—Transductores de presión.

Para analizar las mediciones y efectuar un diagnóstico correcto, hay que conocer con detalle el funcionamiento no estacionario de la máquina, esto es, cuáles son las excitaciones que se producen cuando está funcionando y las vibraciones resultantes.

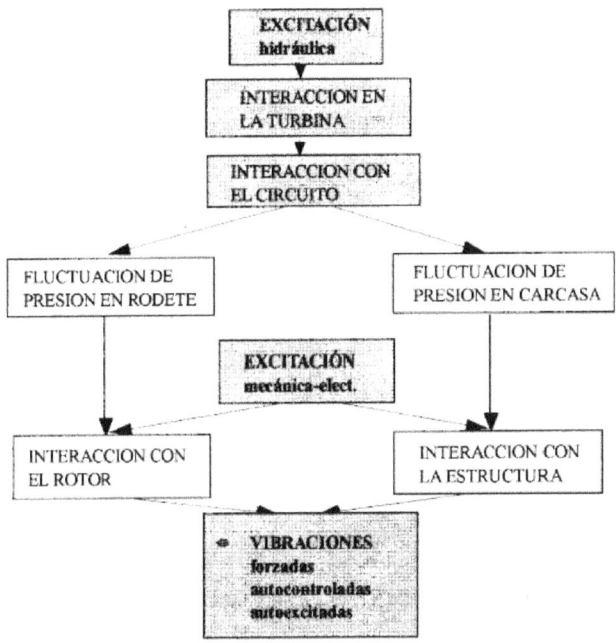

Figura 38. Esquema de la cadena de generación de vibraciones.

El comportamiento vibratorio de un grupo hidroeléctrico es complejo. Durante el funcionamiento se producen distintas excitaciones que generan vibraciones mecánicas sobre el conjunto del rotor y sobre la carcasa y estructura soporte. Las vibraciones pueden alcanzar amplitudes considerables debido al propio diseño de la máquina (por ejemplo algunas bombas-turbina) o a la existencia de algún tipo de daño o resonancia. Los daños pueden cambiar el comportamiento vibratorio progresivamente (desgaste) o rápidamente (roturas).

Por tanto hay que comprobar si el nivel elevado se debe al propio diseño de la máquina, a algún tipo de daño o a la existencia de resonancia. Hay que identificar la excitación inicial, tendremos que ésta se pueden clasificar en tres tipos; hidráulica, mecánica y eléctrica. Con los datos de la máquina (velocidad de rotación, número de alabes y directrices, características de los cojinetes, etc) se pueden determinar las frecuencias características a esperar en la señal vibratoria y pasar al análisis de las mediciones realizadas. El análisis de unas mediciones en una máquina real que tiene grandes dimensiones es muy complejo.

Figura 39 Sensores de vibración de la Central.

Figura 40 Sensores de temperatura en cojinetes, tarados entre 20°C y 90°C como niveles de alarma.

a. DETECCIÓN ONLINE DE ANOMALÍAS

Para nuestro caso disponemos de los siguientes sensores monitorizados en tiempo real desde el Centro de Control:

- Nivel de vibración en el eje X (mm/s)
- Nivel de vibración en el eje Y (mm/s)
- Nivel de vibración en el eje Z (mm/s)
- Temperatura cojinete lado acoplamiento axial (°C)
- Temperatura cojinete lado acoplamiento radial (°C)
- Temperatura cojinete lado opuesto acoplamiento (°C)

En condiciones de funcionamiento normal la evolución de los niveles de vibración es la que se representa para un período de 7 días. El nivel de vibración en el eje x es superior a los de los ejes y, z

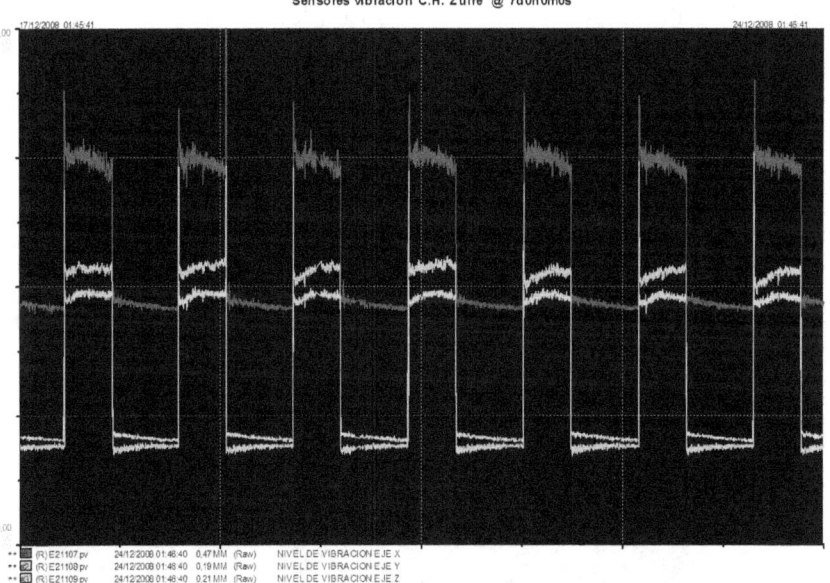

Analizando los datos de 30 días y aplicando el control estadístico de procesos obtenemos para cada señal las medias y desviaciones correspondientes al proceso bajo control:

REFERENCIAS (mm/s)	
eje x	
Media	0,744
Desviación	0,018
eje y	
Media	0,532
Desviación	0,022
eje z	
Media	0,480
Desviación	0,008

Siempre que los valores diarios que obtengamos se mantengan en el intervalo de +/- 3 veces la desviación estándar consideraremos que el proceso está bajo control. Para señalar los beneficios del análisis en tiempo real de las variables se muestra como ejemplo la anomalía detectada el día 31/12/08 en los niveles de vibración de las tres direcciones de la central:

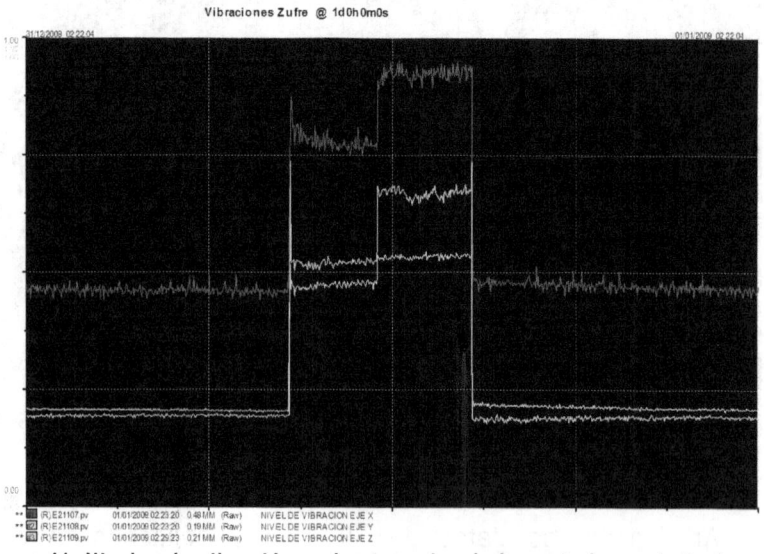

Figura 41. Niveles de vibración en los tres ejes de la central para 1 día de escala temporal.

Analizando los datos de ese día y representándolos en un gráfico de control obtenemos que el nivel de vibración se incrementa de forma brusca sin motivo aparente.

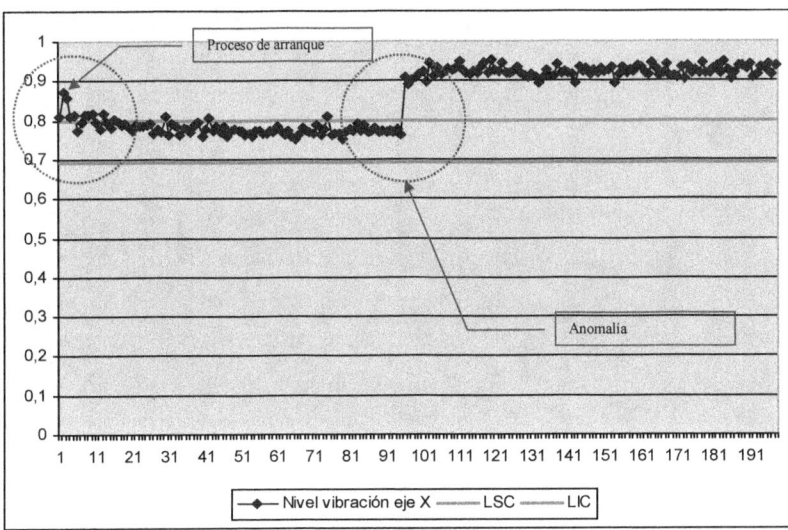

En el gráfico de control se puede observar como la evolución de la señal supera claramente el LSC (límite superior de control) lo que puede ser indicativo de que se ha producido alguna anomalía en el sistema o en la propia señal.

Tras una parada para realizar mantenimiento y la sustitución de algunos elementos averiados (fusibles mecánicos) se reanuda el servicio con los mismos niveles de vibración que antes de producirse la anomalía quedando de nuevo bajo control el proceso.

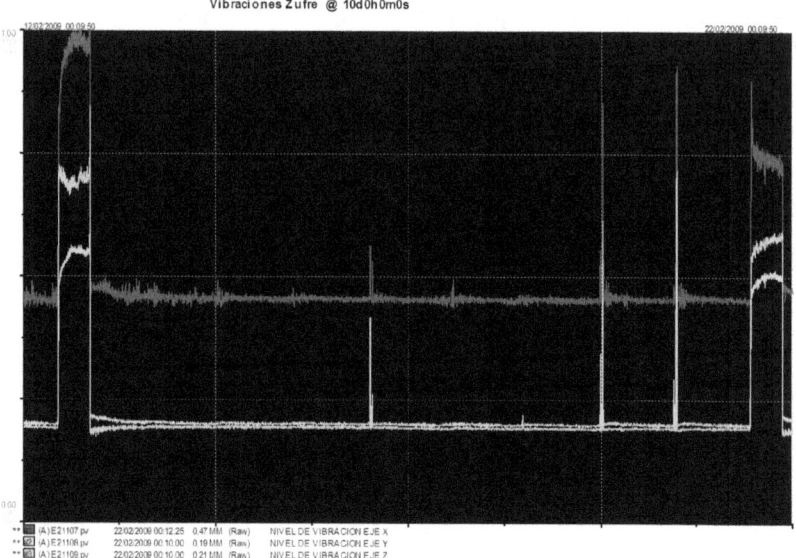

Figura 42. Niveles de vibración en los tres ejes de la central antes y después del arreglo del fallo.

b. FIJACIÓN DE LOS LÍMITES DE ALARMA EN VARIABLES SUPERVISADAS.

La evolución de la temperatura en funcionamiento continuo de la central es otro de los parámetros que se supervisan y analizan, concretamente se dispone de valores en los cojinetes del lado del acoplamiento axial, radial y en el lado opuesto al acoplamiento con lo que se monitoriza casi al completo el comportamiento de la máquina en cuanto a este parámetro. La evolución de las medidas en un período de dos días nos da una idea de la evolución de la señal durante el proceso de marcha-paro de la central.

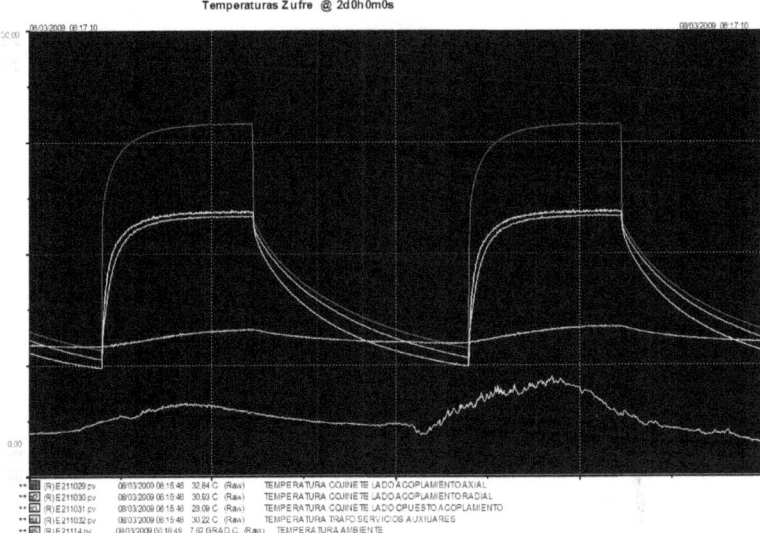

Figura 43. Evolución de la temperatura en el cojinete en un intervalo temporal de dos días.

Localmente los niveles de alarma están programados en 90 °C pero para realizar un seguimiento del estado de la Central y prever un funcionamiento anómalo necesitamos consignas de niveles de pre-alarma en el SCADA central.

Para ello, analizando los datos de temperatura en el cojinete del lado de acoplamiento axial para un período de 30 días (15/02/09 y 17/03/09). Observamos que, lógicamente, si se relaciona con el régimen de caudal turbinado es directamente proporcional su incremento con el incremento de temperatura obteniendo que para un régimen de 8'6 m3/s el rango de temperaturas que presenta varía entre los 70°C y 80 °C por lo que un nivel de alarma superior de 85°C sería bastante indicativo de la posibilidad de que exista alguna anomalía en el funcionamiento de la central. Independientemente de estas alarmas, diariamente se sigue la evolución de la señal y su tendencia.

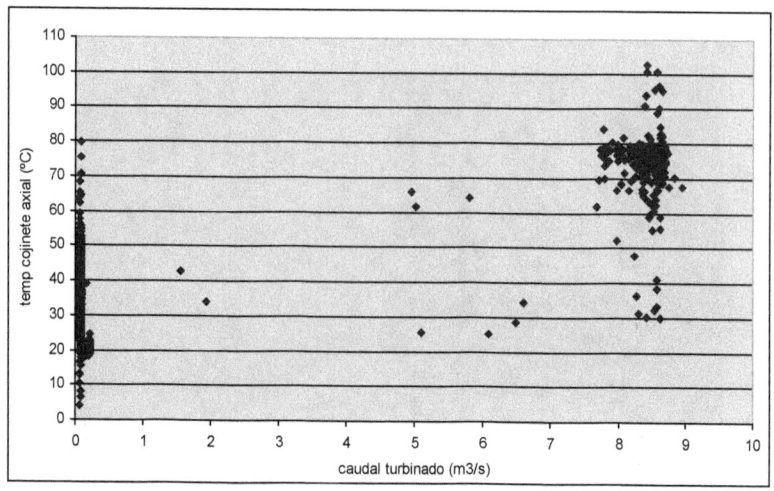

Realizando el mismo análisis en el lado de acoplamiento radial para regímenes de turbinado de 8'6 m3/s obtenemos que el rango de temperaturas oscila entre 50ºC y los 60ºC por lo que un nivel de alarma de 65ºC se considera mas que suficiente como indicador de aviso.

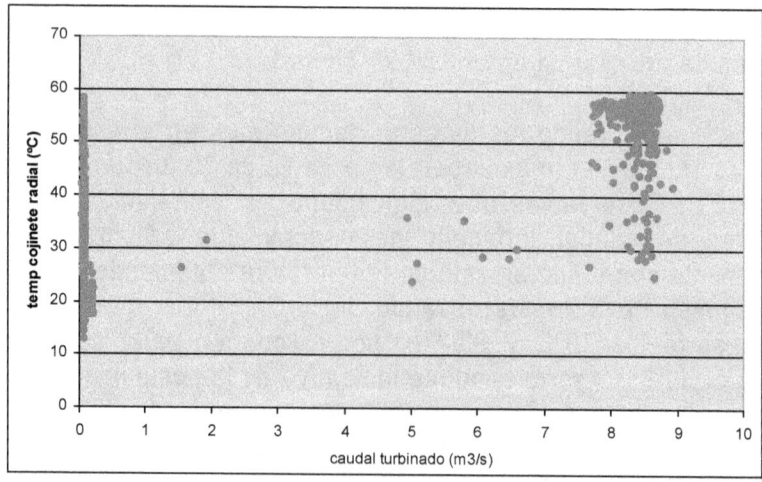

Por último, realizando el mismo análisis para el lado de acoplamiento radial para regímenes de turbinado de 8'6 m3/s el rango oscila entre 50°C y los 60°C por lo que podemos configurar como nivel de alarma un valor de 65°C.

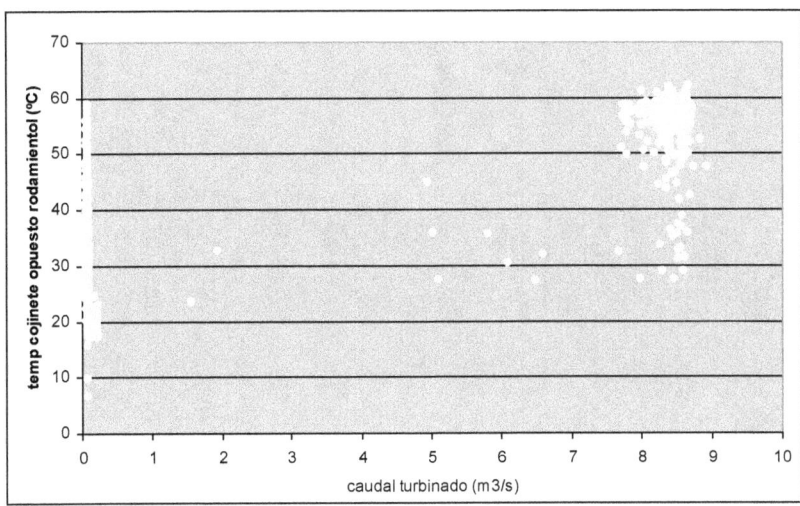

Otra aplicación con éxito del mantenimiento condicional la podemos encontrar en el caso de las instalaciones de bombeo de aguas residuales (EBAR), el cometido de este tipo de estaciones es la recepción de las aguas residuales provenientes de los distintos municipios, para su posterior tratamiento en la depuradora correspondiente. Una estación tipo dispone de tres grupos de bombeo tipo Flygt con la posibilidad de funcionamiento simultáneo. La EBAR está controlada por un PLC aunque existen otros modos de funcionamiento

Como podemos apreciar en la gráfica adjunta el consumo del grupo n° 1 (azul) en condiciones normales tiene un valor de unos 27 A, tras un incremento brusco en el caudal de agua residual que llega a la instalación y los correspondientes arrastres (nivel cámara residuales color rojo) el consumo aumenta a unos 30 A aunque el nivel en la cámara oscila entre los niveles de consigna (boya de máximo y mínimo).

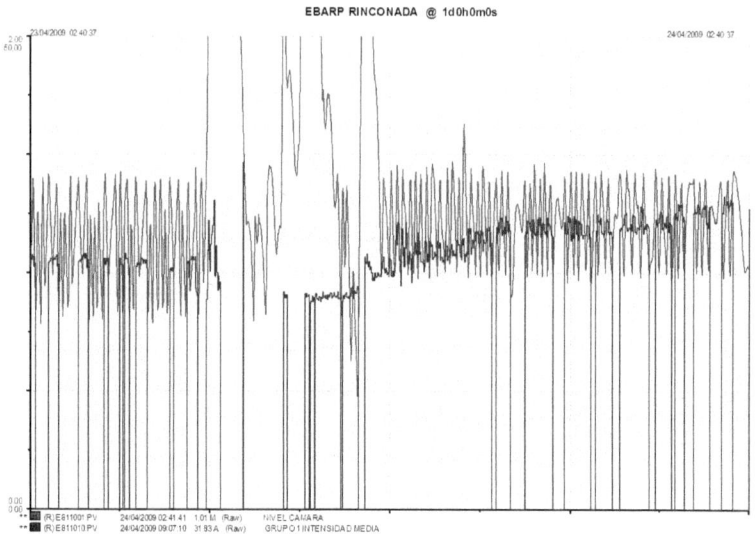

Llegado al nivel de consumo de alerta (30 A) es conveniente parar a distancia el grupo y realizar una inversión de giro en el mismo para que suelte los posible elementos que estén agarrados al eje (trapos, botellas, fregonas, etc...). De esta forma evitamos que se atasque completamente la bomba y salten las protecciones del grupo, si esta situación se repite en el tiempo afectará al rendimiento del grupo y puede dar lugar a una avería de mayor importancia.

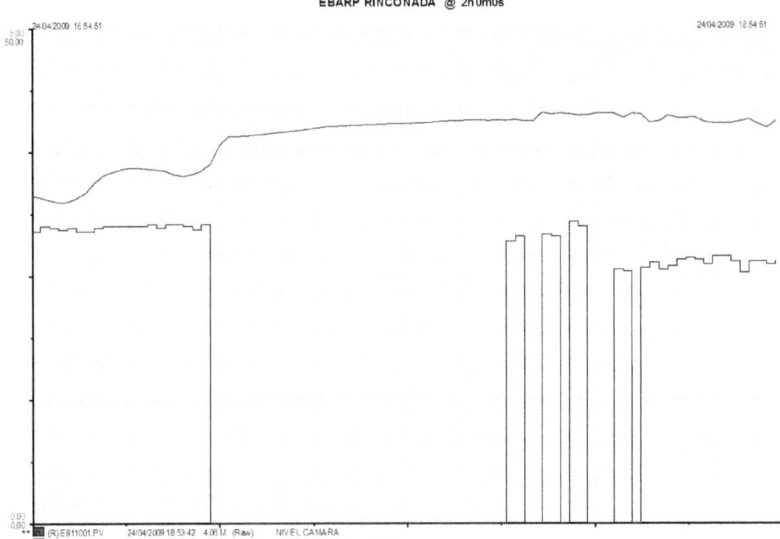

En este caso tras invertir el sentido de giro y volver a dejar en servicio la bomba se observa que el consumo del grupo vuelve a los valores normales de 27 A, todo el proceso se telemandaría y no se necesitaría que personal de la empresa se desplazara a instalación remota con el correspondiente ahorro de costes.

Conclusiones Finales.

El avance constante de las tecnologías de la información hacen posible una comunicación rápida y fiable entre instalaciones lejanas. Por otra parte, el coste creciente de las horas hombre, y la bajada de los precios de los sensores, traen consigo una considerable automatización en las medidas, con un mayor empleo de los sistemas de monitorizado en continuo gestionados a distancia, lo que redunda en una disminución considerable del tiempo dedicado a la medida de las vibraciones, con el fin de que los analistas puedan dedicar un mayor tiempo al diagnóstico de las averías en las máquinas.

La instalación de un sistema de diagnóstico predictivo condicional en instalaciones críticas para el abastecimiento y saneamiento consistente en el montaje de sensores de vibración y temperatura en los grupos motobomba para su análisis y control online es una solución práctica y económica capaz de detectar e identificar fallos electromecánicos de la maquinaria con antelación suficiente.

Con un análisis en tiempo real de la evolución de las variables de vibración, temperatura y una serie de indicadores de supervisión programados localmente en función de los modos de fallo potenciales de la máquina monitorizada se pueden detectar anticipadamente averías en los elementos críticos. Aprovechando la infraestructura existente a nivel de autómatas locales, Centro de Control y sistemas de telecomunicaciones los datos son accesibles a través de las bases de datos relacionales de la empresa a todos los departamentos interesados

Se dispone así de una base de datos histórica del comportamiento de cada máquina para prever con antelación una actuación sobre ella pudiéndose reducir el número de maquinaria existente realizado una supervisión continuada de los parámetros críticos.

21. ESTUDIO CASO PRÁCTICO 2

La finalidad de este trabajo es considerar las posibilidades que ofrece al análisis de datos la aplicación de técnicas de Data Mining para generar conocimiento aplicable a las tareas de mantenimiento de un proceso industrial. Los datos de que disponemos proceden de orígenes distintos, bases de datos que normalmente se gestionan por separado con distinta tipología, frecuencia de actualización y naturaleza de la información. Tomaremos la información clasificada, la relacionaremos temporalmente y generaremos varios indicadores de gestión relacionados con el mantenimiento predictivo y el cumplimiento del principal objetivo.

En nuestro caso disponemos de una central hidroeléctrica que genera energía y la inyecta en la red de la compañía eléctrica suministradora. La inyección de energía se tiene que realizar en un horario determinado y en una cantidad previamente estipulada.

Mensualmente se realiza una planificación de la producción en la que se contempla el número de horas diarias de funcionamiento, su distribución y la aportación de energía a la red. El desvío en la producción, tanto positivo como negativo es penalizado económicamente por lo que cualquier incidente y/o avería en la central tiene un coste económico asociado al propio de la avería.

Para el análisis disponemos de datos en tiempo real sobre el funcionamiento de la central, valores de caudal, presión, potencia generada, temperaturas en elementos mecánicos...etc, que son almacenados en una base de datos histórica de un SCADA central. Las principales incidencias que se producen en la operación diaria de la central son recogidas en otra base de datos denominada de incidencias con información textual, a veces subjetiva y otras incompleta por lo que se hace necesario su análisis detenido antes de obtener información de interés para el estudio que nos proponemos.

Por último, analizaremos la base de datos que almacena información diaria estadística denominada base de datos de informes que nos proporcionará datos diarios de producción eléctrica y volúmenes turbinados.

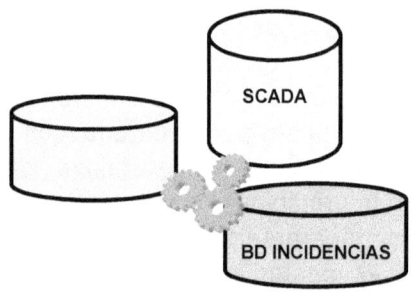

Figura 44. Estructura de las bases de Datos fuente.

El análisis de la información lo realizaremos con el software WEKA. Las iniciales de WEKA responden a *Waikato Environment for Knowledge Analysis,* se trata de una herramienta de libre distribución desarrollada en la Universidad de Waikato (Nueva Zelanda), escrita en lenguaje java y que permite realizar multitud de análisis. Está constituida por una serie de paquetes de código abierto con diferentes técnicas de preprocesado, clasificación, agrupamiento, asociación, y visualización, así como facilidades para su aplicación y análisis de prestaciones cuando son aplicadas a los datos de entrada seleccionados. Estos paquetes pueden ser integrados en cualquier proyecto de análisis de datos, e incluso pueden extenderse con contribuciones de los usuarios que desarrollen nuevos algoritmos.

Con objeto de facilitar su uso por un mayor número de usuarios, WEKA además incluye una interfaz gráfica de usuario para acceder y configurar las diferentes herramientas integradas, la herramienta dispone de cuatro interfaces distintos;

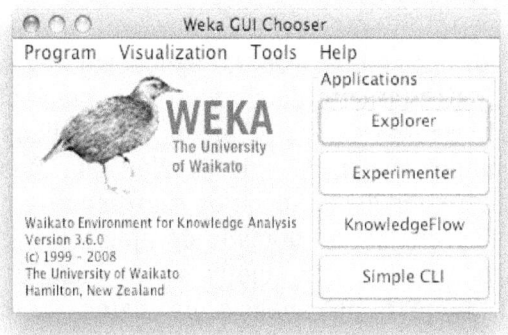

Figura 45. Pantalla de exploración de WEKA.

1. Interfaz en modo texto: permite la introducción de todo tipo de comandos, pero no es posible realizar representaciones gráficas (realmente, el interfaz en modo texto permite distanciar las distintas clases java definidas en el programa WEKA).

2. Interfaz *Explorer*: interfaz gráfico básico en el que se pueden mostrar gráficamente tanto las características de los datos de partida como los resultados de los análisis. Permite introducir los comandos con ayuda del ratón, seleccionando los operadores adecuados en menús desplegables

3. Interfaz *Experimenter*: se trata de un interfaz gráfico más avanzado, en el que no sólo se pueden realizar análisis sobre los datos, sino que además es posible comparar el funcionamiento de diferentes algoritmos (por ejemplo, diferentes clasificadores) o bien comparar distintos ficheros de datos.

4. Interfaz *KnowledgeFlow*: este último interfaz permite representar como una red de operadores en cascada los procesos a realizar sobre los datos (preprocesado, selección de características, ajuste de un clasificador, evaluación de los porcentajes de acierto esperables, etc.).

OBJETIVOS DEL ANÁLISIS

Antes de comenzar con la aplicación de las técnicas de WEKA a los datos de este dominio, es muy conveniente hacer una consideración acerca de los objetivos perseguidos en el análisis. Como se mencionó en la introducción, un paso previo a la búsqueda de relaciones y modelos subyacentes en los datos ha de ser la comprensión del dominio de aplicación y establecer una idea clara acerca de los objetivos del usuario final. De esta manera, el proceso de análisis de datos, permitirá dirigir la búsqueda y hacer refinamientos, con una interpretación adecuada de los resultados generados. Los objetivos, utilidad, aplicaciones, etc., del análisis efectuado no "emergen" de los datos, sino que deben ser considerados con detenimiento como primer paso del estudio.

Muchas veces el resultado alcanzado puede ser encontrar relaciones triviales o conocidas previamente, o puede ocurrir que el hecho de no encontrar relaciones significativas, lo puede ser muy relevante. Por otra parte, este análisis tiene un enfoque introductorio e ilustrativo para acercarse a las técnicas disponibles y su manipulación desde la herramienta, dejando abierto para el personal cualificado llevar el estudio de este dominio a resultados y conclusiones más elaboradas.

En el caso de nuestro estudio podríamos preguntarnos varias cuestiones:

- ¿Es correcta a priori la evolución de las señales del proceso?

- ¿Los fallos en la central son debidos a un fallo en la programación del mantenimiento en la mayoría de los casos o debidos a problemas en la red de la compañía eléctrica?, ¿o es una combinación de ambas?, ¿la frecuencia del mantenimiento es demasiado alta o baja?

- ¿podemos relacionar la evolución de la temperatura de los cojinetes o de los devanados del estator con el nivel de vibraciones de la máquina?

SELECCIÓN DE DATOS A ANALIZAR

Aplicando un mantenimiento condicional tipo podemos detectar los desgastes y daños en su etapa incipiente y seguir su evolución con las horas de funcionamiento de la máquina para evitar daños catastróficos y seleccionar el mejor momento posible para los desmontajes de la máquina. Partiendo de estos registros y enlazándolos con los procedentes de las bases de datos externas antes comentadas crearemos una única base de datos de la que partirá nuestro análisis.

Las etapas a seguir son las siguientes:

- Definiremos la BD a crear analizando los campos de interés de las BD externas, crearemos una tabla general para analizar más fácilmente la información.

- Procederemos a filtrar la BD buscando fallos en datos incorrectos, estimando datos o eliminándolos si procede. A continuación crearemos un fichero Excel con los datos filtrados.

- Generaremos el fichero base de análisis, que en nuestro caso en un fichero especial para WEKA, aplicamos el proceso WEKA y obtenemos pantallas de resultados.

- Para analizar los resultados crearemos el árbol de decisión, analizaremos las relaciones entre variables y generaremos ficheros de resultados.

- Relacionaremos resultados con el proceso de mantenimiento predictivo condicional y la generación de reglas.

- Por último, analizaremos la posibilidad de establecer niveles de alarma que puedan generar OT automáticas.

La Central Hidroeléctrica a analizar está integrada en un sistema de control y adquisición de datos en tiempo real que vuelca la información recibida de los distintos parámetros de explotación a una base de datos Histórica. Podemos actuar sobre el sistema de marcha, paro y regulación de la central para modificar las consignas de explotación. La minicentral tiene las siguientes características:

- Turbina tipo Francis de eje horizontal
- Velocidad nominal de 479 rpm
- Salto máximo de 59 m
- Caudal máximo de 9 m3/s

- Potencia 4.537 Kw
- Generador Síncrono trifásico eje horizontal
- Potencia Aparente nominal 5.000 KVA
- Tensión nominal 6.300 V
- Factor de potencia 0,9

La turbina Francis pertenece al grupo de turbinas de reacción, aquellas en las que el flujo se produce dentro de una cámara cerrada bajo presión. Se caracteriza porque recibe el flujo de agua en dirección radial, orientándolo hacia la salida en dirección axial; por lo que se considera como una turbina de flujo radial. Físicamente está compuesta por:

- Un distribuidor que contiene una serie de álabes fijos o móviles que orientan el agua hacia el rodete.

o Un rodete formado por una corona de paletas fijas, torsionadas de forma que reciben el agua en dirección radial y lo orientan axialmente.

o Una cámara de entrada, que puede ser abierta o cerrada en forma de espiral para dar una componente radial al flujo de agua.

o Un tubo de aspiración o de salida de agua que se encarga de mantener la diferencia de presiones necesaria para el buen funcionamiento de la turbina.

Figura 46. Generador y Turbina de la Central.

Para conocer el estado de la máquina medimos parámetros estáticos y dinámicos para las distintas condiciones de funcionamiento del grupo. Si es posible conviene medir:

- Niveles de vibración
- Temperaturas en devanados de estator
- Temperaturas en cojinetes
- Temperaturas en circuito de refrigeración
- Temperaturas en transformadores

Para analizar las mediciones y efectuar un diagnóstico correcto, hay que conocer con detalle el funcionamiento no estacionario de la máquina, esto es, cuáles son las excitaciones que se producen cuando está funcionando y las vibraciones resultantes.

El comportamiento vibratorio de un grupo hidroeléctrico es complejo. Durante el funcionamiento se producen distintas excitaciones que generan vibraciones mecánicas sobre el conjunto del rotor y sobre la carcasa y estructura soporte. Las vibraciones pueden alcanzar amplitudes considerables debido al propio diseño de la máquina (por ejemplo algunas bombas-turbina) o a la existencia de algún tipo de daño o resonancia. Los daños pueden cambiar el comportamiento vibratorio progresivamente (desgaste) o rápidamente (roturas).

Los parámetros que definen el funcionamiento de la máquina y que pueden afectar a su comportamiento vibratorio son los siguientes:
- o niveles aguas arriba y aguas abajo
- o grado de apertura de distribuidor
- o la carga
- o las tensiones de excitación

Tras analizar la información de que disponemos procedente de nuestras de 3 bases de datos con información relevante del proceso seleccionamos 40 atributos.

N°	ATRIB.	DESCRIPCIÓN DE LOS ATRIBUTOS	UNIDAD	TIPO INDICADOR	ORIGEN DATO
1	CT	CAUDAL TURBINADO C.H.	m3/s	HIDRAULICO	SCADA
2	CUM	CUMPLIMIENTO OBJETIVO CIA ELÉCTRICA	SI/NO	GESTIÓN	BD incidencias
3	D1ESC	DESPLAZAMIENTO PRIMER ESCALÓN MANTENIMIENTO	SI/NO	GESTIÓN	BD incidencias
4	D2ESC	DESPLAZAMIENTO SEGUNDO ESCALÓN MANTENIMIENTO	SI/NO	GESTIÓN	BD incidencias
5	DL	DISPARO DE LINEA	SI/NO	SERVICIO	BD incidencias
6	EG	ENERGIA GENERADA DIARIA	Mw	GENERADOR	BD informes
7	FC	FALLO DE COMUNICACIONES	SI/NO	SERVICIO	BD incidencias
8	HA	HUMEDAD RELATIVA	%	AMBIENTAL	SCADA
9	HF	HORAS DE FUNCIONAMIENTO	N°	GESTIÓN	BD informes
10	HUM	HORAS DESDE ÚLTIMO MANTENIMIENTO	N°	GESTIÓN	EXCEL
11	IP	INTENSIDAD PRODUCIDA	A	GENERADOR	SCADA
12	MP	MANTENIMIENTO PROGRAMADO	SI/NO	SERVICIO	BD incidencias
13	NAST	NIVEL ASPIRACION SALIDA TURBINA A CUENCO	m	TURBINA	SCADA

14	NE	NIVEL EMBALSE (POR PRESION)	mca	HIDRAULICO	BD informes
15	PA	POTENCIA ACTIVA CENTRAL H. ACUMULADA	kW	GENERADOR	EXCEL
16	PD	POS. DISTRIBUIDOR CENTRAL H.	%	HIDRAULICO	SCADA
17	PTF	PRESION EN TUBERIA FORZADA	mca	HIDRAULICO	SCADA
18	RMT	RELÉ DE MINIMA TENSIÓN	SI/NO	ELECTRICO	BD incidencias
19	SH	SALTO HIDRÁULICO	m	HIDRAULICO	EXCEL
20	TA	TEMPERATURA AMBIENTE	°c	AMBIENTAL	BD incidencias
21	TCLAA	TEMPERATURA COJINETE LADO ACOPLAMIENTO AXIAL	°c	TURBINA	SCADA
22	TCLAR	TEMPERATURA COJINETE LADO ACOPLAMIENTO RADIAL	°c	TURBINA	SCADA
23	TCLOA	TEMPERATURA COJINETE LADO OPUESTO ACOPLAMIENTO	°c	TURBINA	SCADA
24	TDFU1	TEMPERATURA DEVANADOS ESTATOR FASE U1	°c	GENERADOR	SCADA
25	TDFU2	TEMPERATURA DEVANADOS ESTATOR FASE U2	°c	GENERADOR	SCADA
26	TDFV1	TEMPERATURA DEVANADOS ESTATOR FASE V1	°c	GENERADOR	SCADA
27	TDFV2	TEMPERATURA DEVANADOS ESTATOR FASE V2	°c	GENERADOR	SCADA
28	TDFW1	TEMPERATURA DEVANADOS ESTATOR FASE W1	°c	GENERADOR	SCADA
29	TDFW2	TEMPERATURA DEVANADOS ESTATOR FASE W2	°c	GENERADOR	SCADA
30	TEA	FALLO POR TIEMPO EXCESIVO DE ARRANQUE	SI/NO	SERVICIO	BD incidencias
31	TEARC	TEMPERATURA ENTRADA ACEITE REFRIG. COJINETE	°c	TURBINA	SCADA
32	TEARG	TEMPERATURA ENTRADA AGUA REFRIGERACION GENERADOR	°c	GENERADOR	SCADA
33	TL	TENSION EN LINEA DE 66 KV	kV	ELECTRICO	SCADA
34	TSARG	TEMPERATURA SALIDA AGUA REFRIGERACION GENERADOR	°c	GENERADOR	SCADA
35	TSRAC	TEMPERATURA SALIDA AGUA REFRIG. ACEITE COJINETE	°c	TURBINA	SCADA
36	TTP	TEMPERATURA TRAFO DE POTENCIA	°c	ELECTRICO	SCADA
37	TTSSAA	TEMPERATURA TRAFO SERVICIOS AUXILIARES	°c	ELECTRICO	SCADA
38	VX	NIVEL DE VIBRACION EJE X	mm	TURBINA	SCADA
39	VY	NIVEL DE VIBRACION EJE Y	mm	TURBINA	SCADA
40	VZ	NIVEL DE VIBRACION EJE Z	mm	TURBINA	SCADA

La mayoría de estos atributos son bastante intuitivos. Por CUM entendemos la condición de haber ajustado la producción diaria de la central a la cantidad previamente negociada con la compañía eléctrica sin excesos o defectos que son penalizados.

Cuando se produce un fallo leve en el funcionamiento de la central que no puede ser rearmado remotamente o necesita supervisión se desplaza un técnico cualificado encargado de la supervisión de la instalación. Este tipo de intervención la denominaremos D1ESC (desplazamiento del primer escalón de mantenimiento). Si se detecta que el fallo es de mayor entidad al inicialmente estimado se procede al desplazamiento del segundo escalón de mantenimiento D2ESC. Este equipo está formado por un técnico especializado, un oficial y/o peón igualmente especializado según proceda.

Evidentemente el D1ESC tiene menores costes asociados que el D2ESC por lo que trataremos de encontrar relaciones con estos atributos para acotar sus causas y prevenirlas en lo posible para minimizarlo.

MUESTRA DE DATOS

Los registros que se incluirán corresponden al período entre 01/01/09 y el 01/01/10 por ser el de mayor número de horas de funcionamiento de la central. Se tomará un dato diario por lo que dispondremos, en principio, de 365 registros. Según los resultados que se pretenden obtener (estados de fallo) optaremos por tomar valores analógicos de tipo máximo, mínimo y señales digitales de estado.

Los datos de entrada a la herramienta WEKA, sobre los que operarán las técnicas implementadas, deben estar codificados en un formato específico, denominado *Attribute-Relation File Format* (extensión "arff"). La herramienta permite cargar los datos en tres soportes: fichero de texto, acceso a una base de datos y acceso a través de internet sobre una dirección URL de un servidor web. En nuestro caso trabajaremos con ficheros de texto. Por tanto, los atributos pueden ser principalmente de dos tipos: numéricos de tipo real o entero (indicado con las palabra *real* o *integer* tras el nombre del atributo), y simbólicos, en cuyo caso se especifican los valores posibles que puede tomar entre llaves.

Posteriormente se realizará un filtrado de datos para analizar por separado sólo los períodos con incidencias especiales, que nos puedan ofrecer información relevante del proceso de mantenimiento.

EJECUCIÓN DE WEKA

WEKA se distribuye como un fichero ejecutable comprimido de java (fichero "jar"), que se invoca directamente sobre la máquina virtual JVM.. En el caso de la versión WEKA 3-4, que es la que se ha utilizado para confeccionar estas notas, se requiere Java 1.3 o superior. La herramienta se invoca desde el intérprete de Java, en el caso de utilizar un entorno windows, bastaría una ventana de comandos para invocar al intéprete Java. Una vez seleccionada la opción Explorer, se crea una ventana con 6 pestañas en la parte superior que se corresponden con diferentes tipos de operaciones, en etapas independientes, que se pueden realizar sobre los datos:

- **Preprocess**: Selección de la fuente de datos y preparación (filtrado).
- **Clasify**: Facilidades para aplicar esquemas de clasificación, entrenar modelos y evaluar su precisión
- **Cluster**: Algoritmos de agrupamiento
- **Associate**: Algoritmos de búsqueda de reglas de asociación
- **Select Attributes**: Búsqueda supervisada de subconjuntos de atributos representativos
- **Visualize**: Herramienta interactiva de presentación gráfica en 2D.

Además de estas pestañas de selección, en la parte inferior de la ventana aparecen dos elementos comunes. Uno es el botón de "**Log**", que al activarlo presenta una ventana textual donde se indica la secuencia de todas las operaciones que se han llevado a cabo dentro del "Explorer", sus tiempos de inicio y fin, así como los mensajes de error más frecuentes. Junto al botón de log aparece un icono de actividad (el pájaro WEKA, que se mueve cuando se está realizando alguna tarea) y un indicador de status, que indica qué tarea se está realizando en este momento dentro del Explorer.

PROCESAMIENTO DE DATOS EN WEKA

Esta es la primera fase por la que se debe pasar antes de realizar ninguna otra operación, ya que se precisan datos para poder llevar a cabo cualquier análisis. Una vez cargados los datos, aparece un cuadro resumen, *Current relation*, con el nombre de la relación que se indica en el fichero (en la línea @relation del fichero arff), el número de instancias y el número de atributos. Más abajo, aparecen listados todos los atributos disponibles, con los nombres especificados en el fichero, de modo que se pueden seleccionar para ver sus detalles y propiedades

En la parte derecha aparecen las propiedades del atributo seleccionado. Si es un atributo simbólico, se presenta la distribución de valores de ese atributo (número de instancias que tienen cada uno de los valores). Si es numérico aparece los valores máximo, mínimo, valor medio y desviación estándar.

Otras características que se destacan del atributo seleccionado son el tipo (*Type*), número de valores distintos (*Distinct*), número y porcentaje de instancias con valor desconocido para el atributo (*Missing*, codificado en el fichero arff con "?"), y valores de atributo que solamente se dan en una instancia (*Unique*).

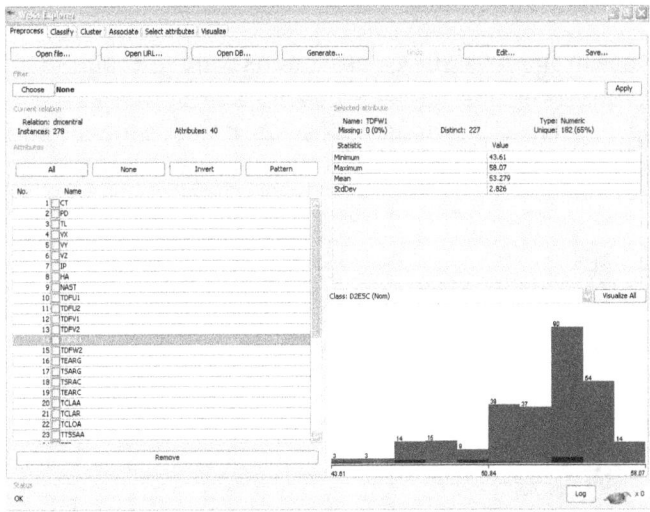

Además, en la parte inferior se presenta gráficamente el histograma con los valores que toma el atributo. Si es simbólico, la distribución de frecuencia de los valores, si es numérico, un histograma con intervalos uniformes.

En el histograma se puede presentar además con colores distintos la distribución de un segundo atributo para cada valor del atributo visualizado.

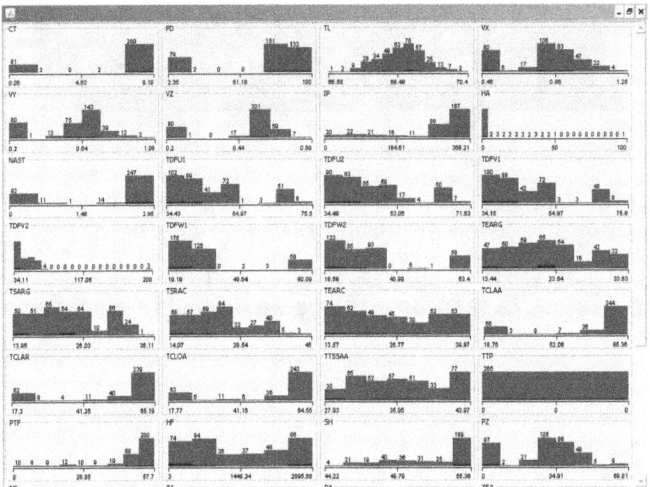

Realizando un análisis superficial de los datos de que disponemos podemos observar dos señales que no son correctas, la señal de Humedad relativa (HA) tiene todos los datos concentrados en el intervalo (0 a 4,348)

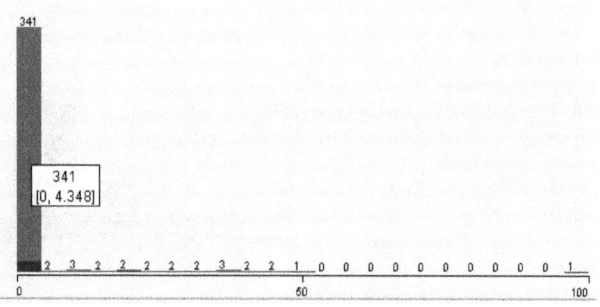

lo que indica que existe un fallo en su electrónica. Por otra parte, la señal de temperatura del transformador (TTP)

tiene sus 365 registros a cero lo que nos lleva a pensar que la señal no está marcando correctamente. Estas incidencias se deberían de detectar en la etapa de preparación de datos pero si no ha sido así en la fase de análisis se descubre claramente.

TRABAJO CON FILTROS Y VISUALIZACIÓN 2D DE LOS DATOS.

WEKA tiene integrados filtros que permiten realizar manipulaciones sobre los datos en dos niveles: atributos e instancias. Las operaciones de filtrado pueden aplicarse "en cascada", de manera que cada filtro toma como entrada el conjunto de datos resultante de haber aplicado un filtro anterior. Una vez que se ha aplicado un filtro, la relación cambia ya para el resto de operaciones llevadas a cabo en el *Experimenter*, existiendo siempre la opción de deshacer la última operación de filtrado aplicada.

Una de las primeras etapas del análisis de datos puede ser el mero análisis visual de éstos. En ocasiones este proceso es de gran utilidad para desvelar relaciones de interés utilizando nuestra capacidad para comprender imágenes. La herramienta de visualización de WEKA permite presentar gráficas 2D que relacionen pares de atributos, con la opción de utilizar además los colores para añadir información de un tercer atributo. La idea es que se selecciona la gráfica deseada para verla en detalle en una ventana nueva.

En nuestro caso, aparecerán todas las combinaciones posibles de atributos.

Analizando por separado variables que, a priori, tienen relación entre ellas, podremos ver si el sistema está bajo control y por tanto funciona correctamente.

Empezaremos por revisar la evolución de las temperaturas del sistema. En una central de este tipo el circuito de refrigeración dispone de dos filtros tipo colador y dos intercambiadores de calor, uno para la refrigeración del generador y otro para el grupo oleo de los cojinetes del generador.

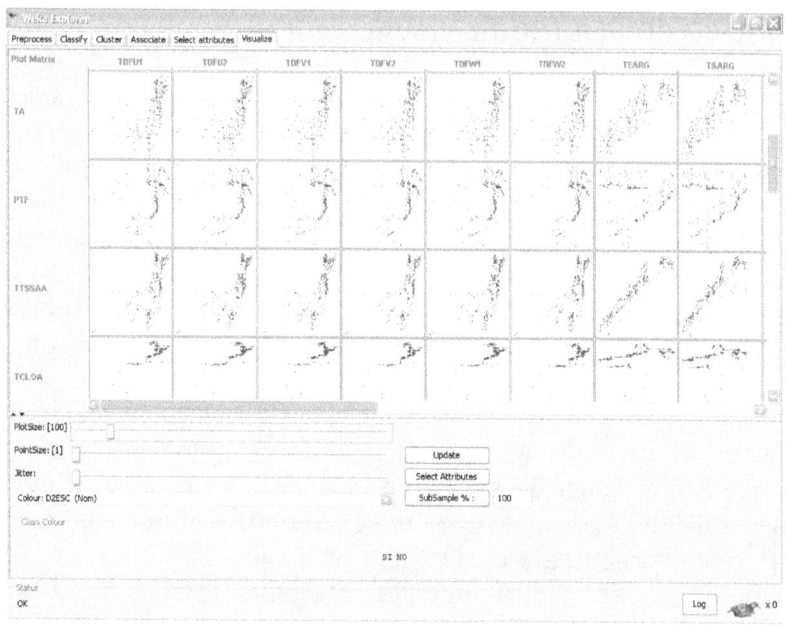

La evolución de las temperaturas de entrada y salida de estos circuitos es sintomática del buen funcionamiento del sistema. Una relación proporcional entre variables que monitorizan la temperatura en un proceso de refrigeración es lógica si sólo consideramos períodos de tiempo en los que la central esté en funcionamiento. Si tenemos en cuenta los períodos en los que está parada se producirán dos grupos de líneas claramente separadas. Analizando TEARG y TSARG (temperatura de entrada y salida en el circuito de refrigeración del generador) obtenemos una evolución lineal que aumenta con la temperatura ambiente.

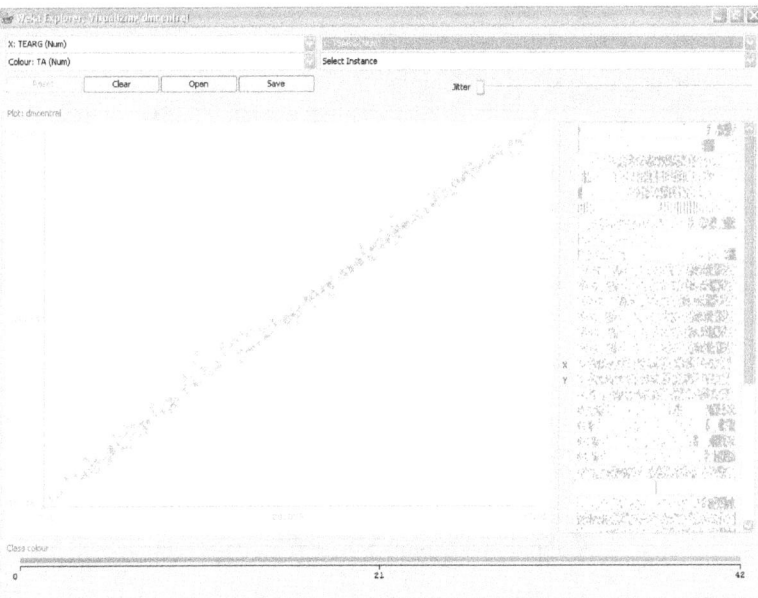

Podemos relacionarlas mediante una línea de tendencia de tipo lineal, con valor R2 de 0,99 y siendo la variable "x" la temperatura de entrada y la "y "la de salida. Implementada esta fórmula en el módulo de cálculos del SCADA podemos mantener controlada la evolución de las variables dado que una temperatura elevada a la salida/entrada de los circuitos de refrigeración sería síntoma de un atasco en los filtros o problemas de calentamiento en los cojinetes, o en la bomba de aceite.

Observamos que las temperaturas aumentan a medida que lo hace el número de horas de funcionamiento de la central, como el período de mayor actividad de la central sin parada por fallo se produce entre los meses de Marzo y Agosto puede ser lógico pensar que a mayor temperatura ambiente mayor temperatura del agua del embalse y por tanto de entrada en los circuitos de refrigeración.

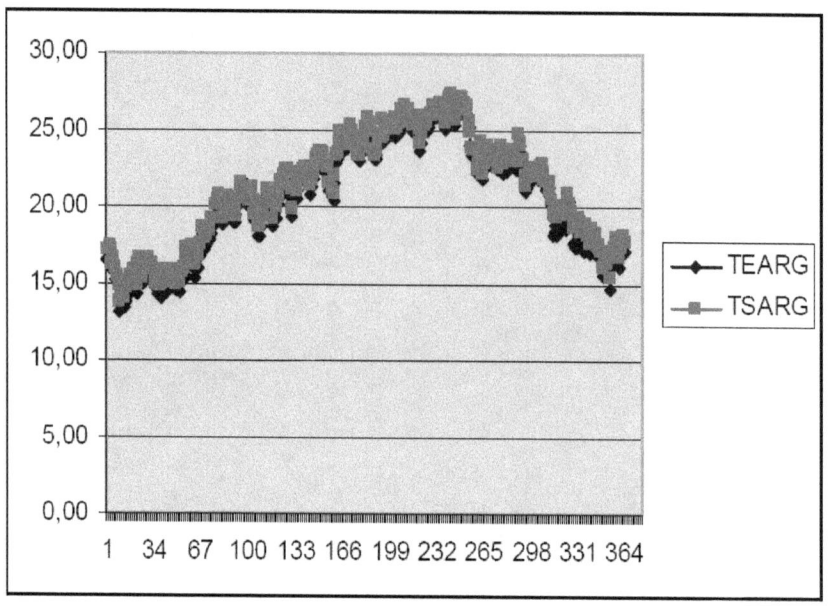

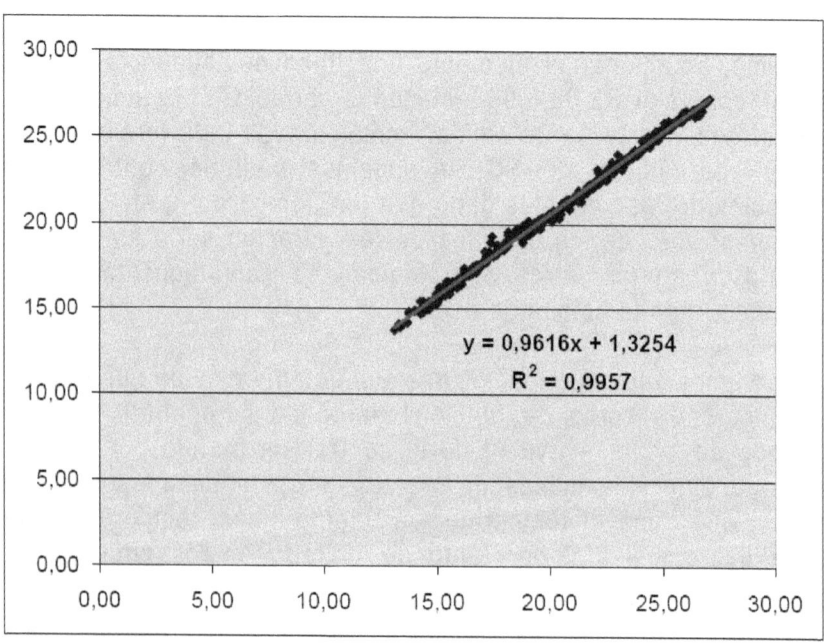

En el caso de las temperaturas de entrada y salida del agua del circuito de refrigeración de cojinetes, se observan dos líneas de datos mas o menos continuas que muestran diferencias entre entrada y salida de valores medios de 28 °C y 18°C -20°C, esto se debe la resolución de una avería el 11 de Noviembre en el circuito de refrigeración asociada a una bajada del régimen de funcionamiento. La temperatura de entrada del circuito oscila entre los 50°C y 52°C y los 40°C y 42°C de forma muy estable.

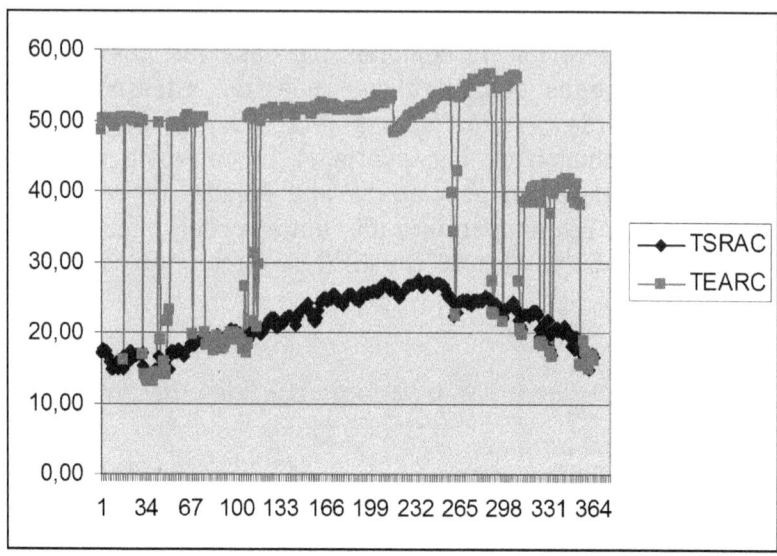

Continuando con el análisis visual tomamos en esta ocasión las temperaturas en los devanados estator, en trafos y ambiente y los relacionaremos con los desplazamientos del segundo escalón de mantenimiento.

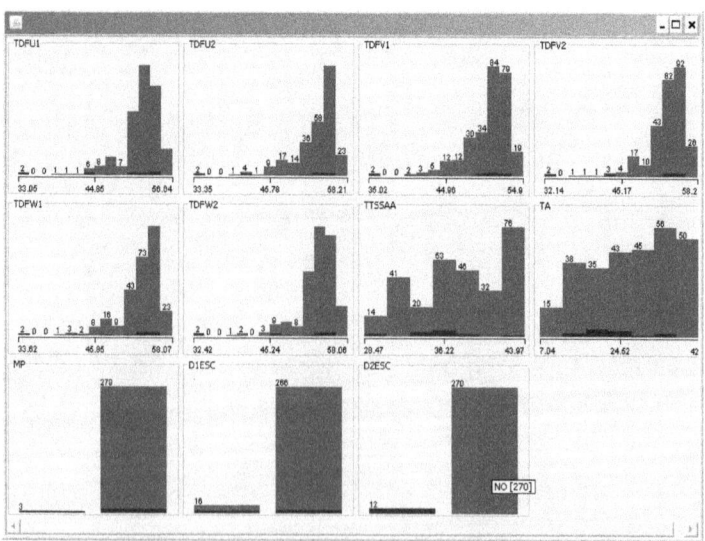

Aplicando el algoritmo clasificador J48 de WEKA obtenemos un 96% de datos correctamente clasificados lo que valida en gran parte el árbol.

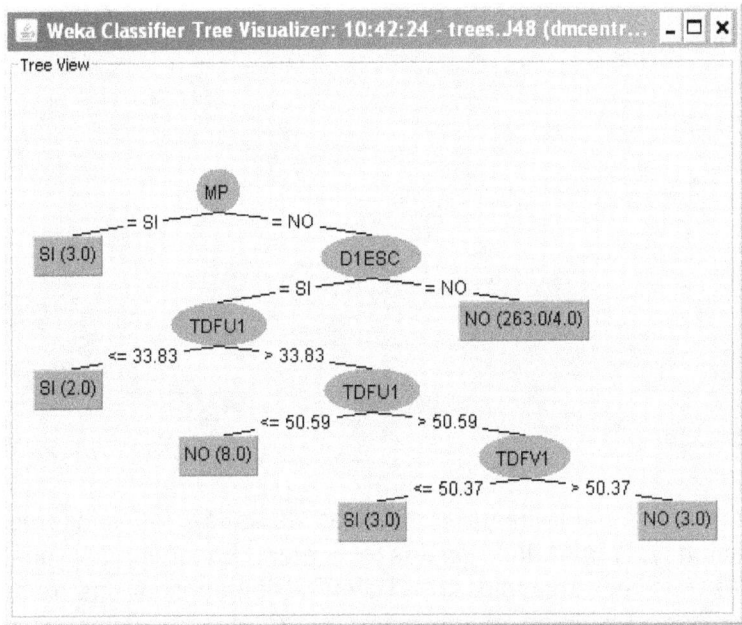

Podemos decir que hay un desplazamiento del segundo escalón en el 30% de los casos con TDFU1 > 50,59°C y TDFV1 < 50,37ªC. Esta condición debería de validarse con el funcionamiento normal de la central.
La evolución de la temperatura máxima en los devanados del estator a lo largo de los días de funcionamiento de la central parece bastante lineal aunque se observa que tras una parada de la central el nivel de temperatura máxima cae unos 3°C debido a la resolución de los problemas de refrigeración que se habían detectado.

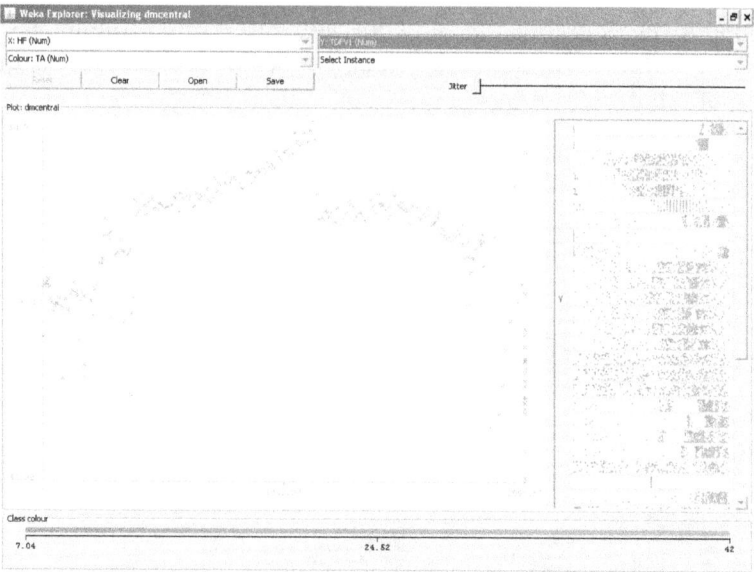

Otra relación interesante a analizar es la de los sensores de vibración y temperatura en los cojinetes. En un primer análisis vemos que en principio no existen atributos con una relación fuerte con el atributo objetivo de D1ESC (desplazamiento primer escalón de mantenimiento).

```
Search Method:    Attribute ranking.
Attribute Evaluator (supervised, Class (nominal): 8 D1ESC):   Chi-squared Ranking Filter
Ranked attributes:
12.205    7 TA
0    3 VZ
0    1 VX
0    2 VY
0    6 TCLOA
0    4 TCLAA
0    5 TCLAR
Selected attributes: 7,3,1,2,6,4,5 : 7
```

Visualmente vemos que el aumento de la temperatura en los cojinetes está relacionado con el aumento de la temperatura exterior pero no así con el aumento de vibraciones en cualquiera de los tres ejes. Esto es debido a que los niveles de vibración son relativamente bajos con respecto a los niveles de alarma.

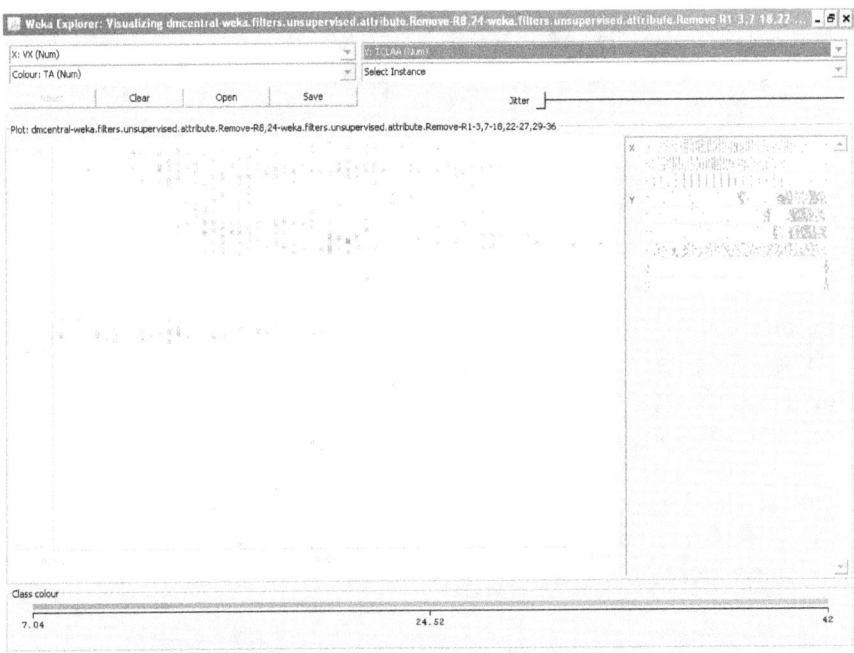

La mayoría de desplazamientos se producen en intervalos con niveles de vibración bajos y con temperaturas en los cojinetes no muy altas por lo que parece que en principio no hay relación alguna entre los atributos.

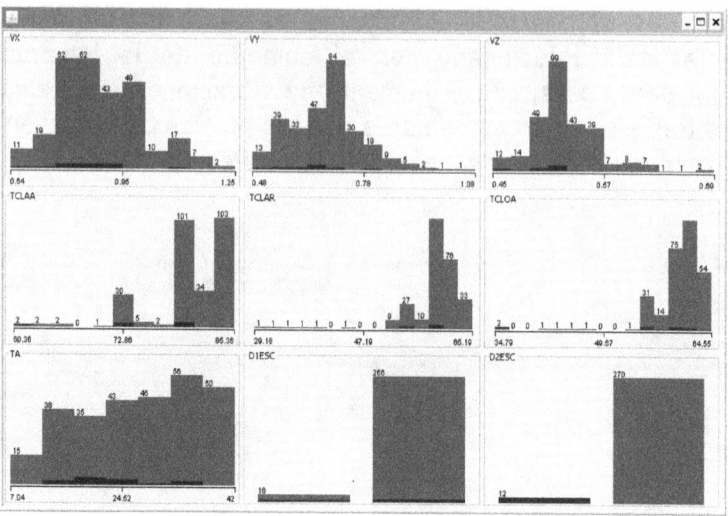

Si analizamos los datos con el algoritmo J48, teniendo como objetivo los desplazamientos del primer escalón de mantenimiento observamos que con niveles de vibración en VY > 0,71 mm y VZ > 0,54 mm o bien una temperatura en TCLAR (temp. cojinete lado acoplamiento radial) > 58,13 ºC aglutinan el 50 % de los casos que originan desplazamiento. Es interesante tener una referencia inicial para posteriormente validar su exactitud con el funcionamiento posterior de la central.

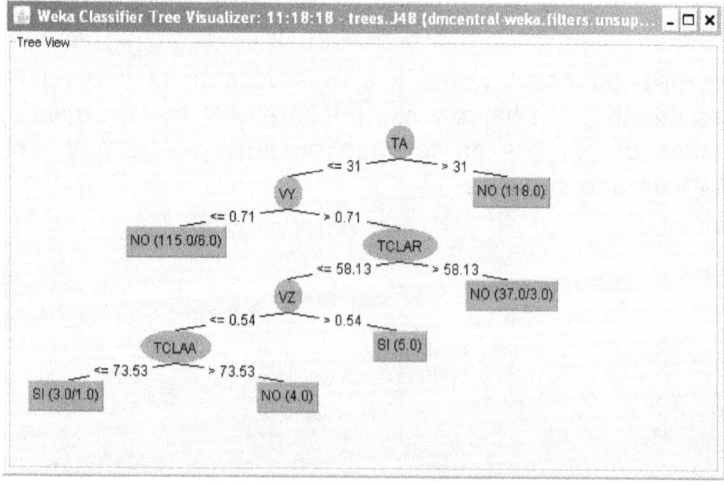

La mayor parte de los valores de temperatura de los cojinetes están localizadas en una zona determinada de la gráfica si la ampliamos y evaluamos podemos observar que con niveles de intensidad inferiores a 300 A el nivel de temperaturas es mayor de lo esperado debido posiblemente a la bajada de la temperatura del agua en el circuito de refrigeración de los cojinetes.

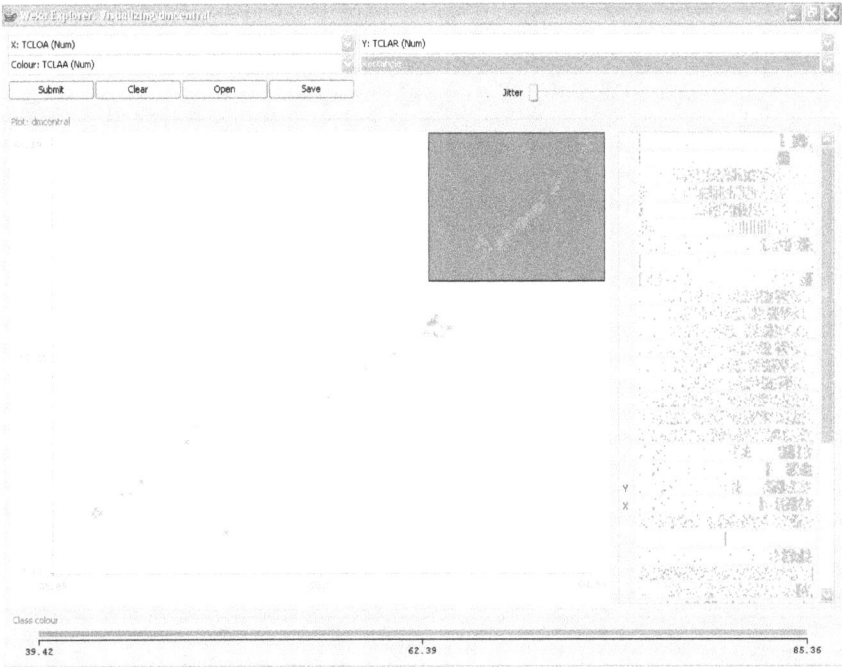

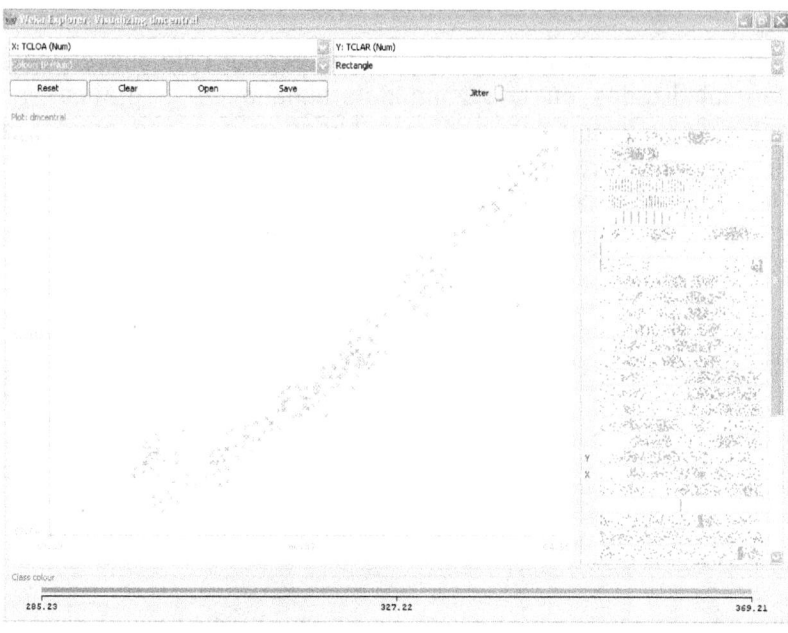

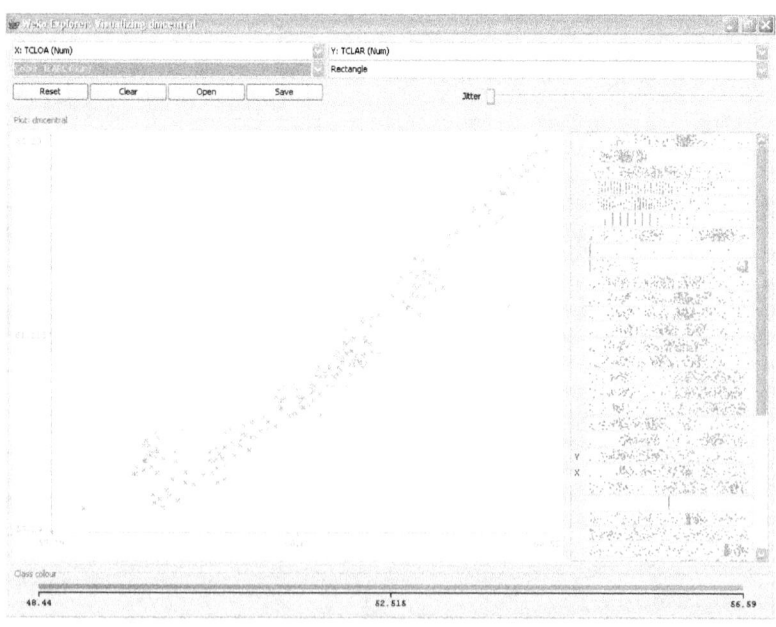

Analizando por separado los parámetros que directamente afectan al funcionamiento de la central como posición del distribuidor (PD), salto hidráulico (SH), caudal turbinado (CT)...y relacionándolos con el D1ESC vemos que con valores de tensión de línea altos 67,95 kV tenemos que en un 37,5% de los casos se produce desplazamiento.

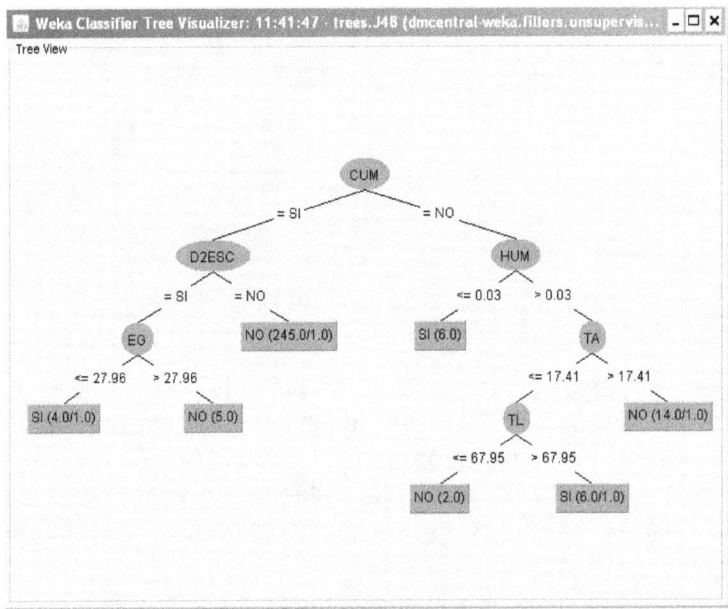

Si continuamos trabajando con las causas de los desplazamientos del primer escalón podemos observar que en el 40% de los casos el fallo se produce por el relé de mínima tensión y con un número de horas de funcionamiento menor de 2272 (8 h diarias), teniendo en cuenta que el máximo se encuentra en 2895 h.

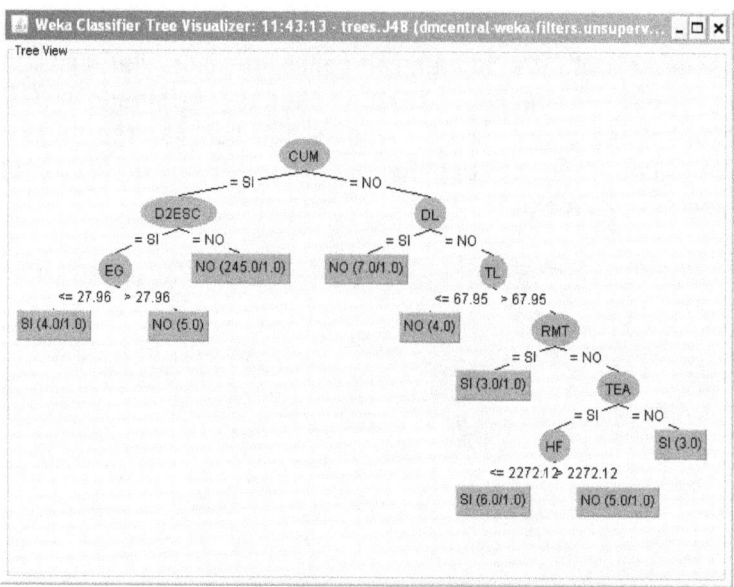

También podemos observar que el 60% de las paradas de la central por disparo del relé de mínima tensión se producen con temperaturas superiores a los 20°C.

Aplicando algoritmos asociativos podemos obtener reglas más o menos obvias entre los atributos seleccionados con confianza valor 1.

```
Apriori
=======
Minimum support: 0.4 (113 instances)
Minimum metric <confidence>: 0.9
Number of cycles performed: 12
Generated sets of large itemsets:
Size of set of large itemsets L(1): 15
Size of set of large itemsets L(2): 18
Size of set of large itemsets L(3): 7

Best rules found:
 1. NE='(250.796-inf)' 130 ==> SH='(54.246-inf)' 130    conf:(1)
 2. SH='(54.246-inf)' 130 ==> NE='(250.796-inf)' 130    conf:(1)
```

3. CT='(8.592-8.891]' NE='(250.796-inf)' 117 ==> SH='(54.246-inf)' 117   conf:(1)
4. CT='(8.592-8.891]' SH='(54.246-inf)' 117 ==> NE='(250.796-inf)' 117   conf:(1)
5. TDFU2='(53.238-55.724]' TDFV2='(52.988-55.594]' 115 ==> TDFW1='(53.18-55.625]' 115   conf:(1)
6. TCLAR='(57.988-61.589]' NE='(250.796-inf)' 115 ==> SH='(54.246-inf)' 115   conf:(1)
7. TCLAR='(57.988-61.589]' SH='(54.246-inf)' 115 ==> NE='(250.796-inf)' 115   conf:(1)
8. TDFU1='(51.922-54.281]' TDFW2='(52.932-55.496]' 114 ==> TDFV2='(52.988-55.594]' 114   conf:(1)
9. TDFU1='(51.922-54.281]' TDFU2='(53.238-55.724]' 116 ==> TDFW1='(53.18-55.625]' 115   conf:(0.99)
10. TDFU2='(53.238-55.724]' TDFV1='(50.924-52.912]' 115 ==> TDFW1='(53.18-55.625]' 113   conf:(0.98)

De estas reglas, vemos como más interesantes las que relacionan intervalos de temperaturas en los devanados del estator que nos definirán el estado de funcionamiento normal de la central.

Aplicamos el algoritmo "ChiSquaredAttributeEval" para ordenar los atributos de acuerdo a su importancia con respecto al atributo de análisis propuesto, en este caso el cumplimiento del objetivo de producción. Este algoritmo calcula la intensidad de las relaciones entre variables utilizando el test HI cuadrado (C2)

Si tomamos una muestra de datos y los analizamos el D2ESC está fuertemente relacionado con el D1ESC, los fallos de comunicaciones que se producen y las horas desde el último mantenimiento.

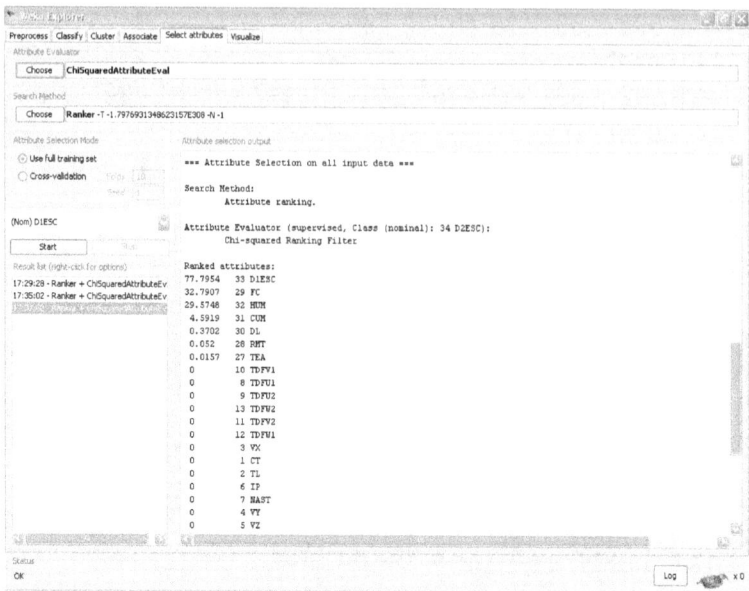

Analizando la relación entre el fallo por TEA (tiempo excesivo de arranque) con el atributo de cumplimiento del objetivo de programación (CUM) vemos que son las tres causas principales de no cumplimientos, el tiempo excesivo de arranque (TEA), el Disparo de línea (DL) y el fallo de comunicaciones (FC).

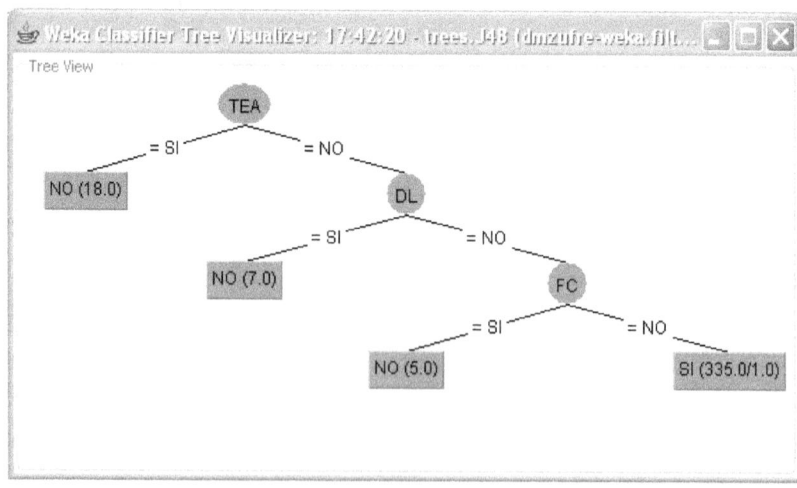

Tomando la muestra completa y eliminando los días que no funciona la central (282 registros útiles) obtenemos que los D2ESC están mas relacionados con el mantenimiento preventivo (MP), cosa lógica, y las temperaturas en los devanados V1, U2 y W1.

Fichero obtenido del proceso:

```
=== Run information ===
Evaluator:    weka.attributeSelection.ChiSquaredAttributeEval
Search:       weka.attributeSelection.Ranker -T -
1.7976931348623157E308 -N -1
Relation:     dmcentral
Instances:    282
Attributes:   40
=== Attribute Selection on all input data ===
Search Method:       Attribute ranking.
Attribute Evaluator (supervised, Class (nominal): 40 D2ESC):  Chi-
squared Ranking Filter
Ranked attributes:
68.2258    38 MP
68.2258    12 TDFV1
49.2804    2 PD
49.2804    11 TDFU2
49.2804    14 TDFW1
30.3387    39 D1ESC
20.84      34 FC
3.1831     36 CUM
0.319      35 DL
0.1656     32 TEA
0.0446     33 RMT
0          16 TEARG
0          10 TDFU1
0          13 TDFV2
0          15 TDFW2
0          4 VX
```

```
0      5 VY
0      1 CT
0      3 TL
0      8 HA
0      9 NAST
0      6 VZ
0      7 IP
0     27 SH
0     28 EG
0     25 PTF
0     26 HF
0     31 PA
0     37 HUM
0     29 NE
0     30 TA
0     19 TEARC
0     20 TCLAA
0     17 TSARG
0     18 TSRAC
0     23 TTSSAA
0     24 TTP
0     21 TCLAR
0     22 TCLOA

Selected attributes:
38,12,2,11,14,39,34,36,35,32,33,16,10,13,15,4,5,1,3,8,9,6,7,27,28
,25,26,31,37,29,30,19,20,17,18,23,24,21,22 : 39
```

Parece también que las averías principalmente se producen por fenómenos atmosféricos y eléctricos relacionados con la línea de AT y no por fenómenos mecánicos relacionados con un excesivo tiempo de funcionamiento de la central.

En este caso analizamos los D2ESC:

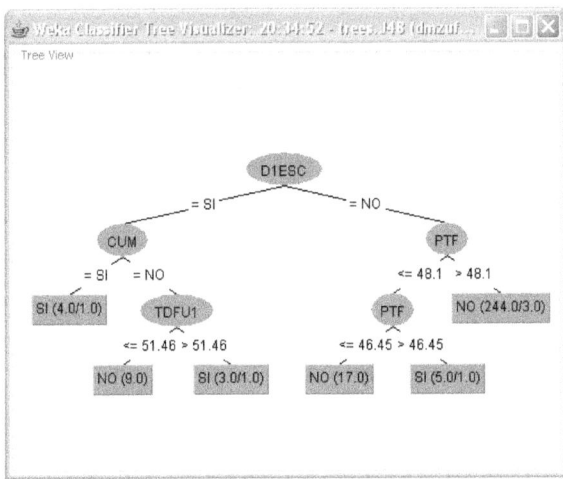

Vemos que puede existir alguna relación con la temperatura del devanado de la fase U1 del estátor, según sea mayor o menor de 51,46 °C.....aunque realmente sólo en tres ocasiones hay desplazamiento por avería.

Si analizamos el cumplimiento del objetivo (CUM) volvemos a ver que la temperatura del devanado de la fase U1, en este caso 51,14 °C.

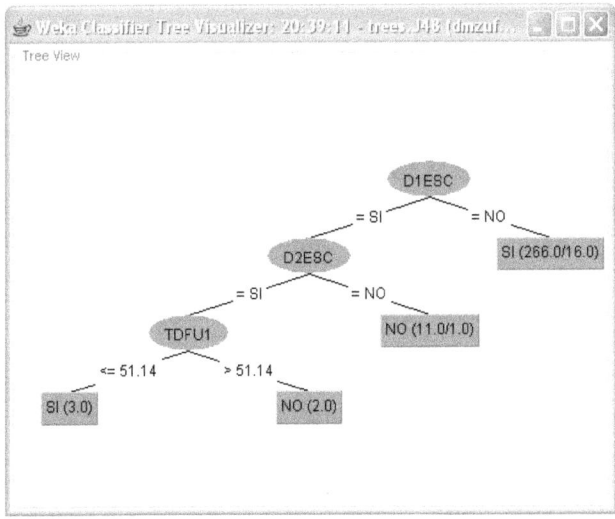

Analizando visualmente la relación existente entre la Intensidad producida (IP) y la presión de la tubería forzada (PTF), a mayor nivel del embalse, mayor presión en la tubería y por lo tanto la producción también es mayor.

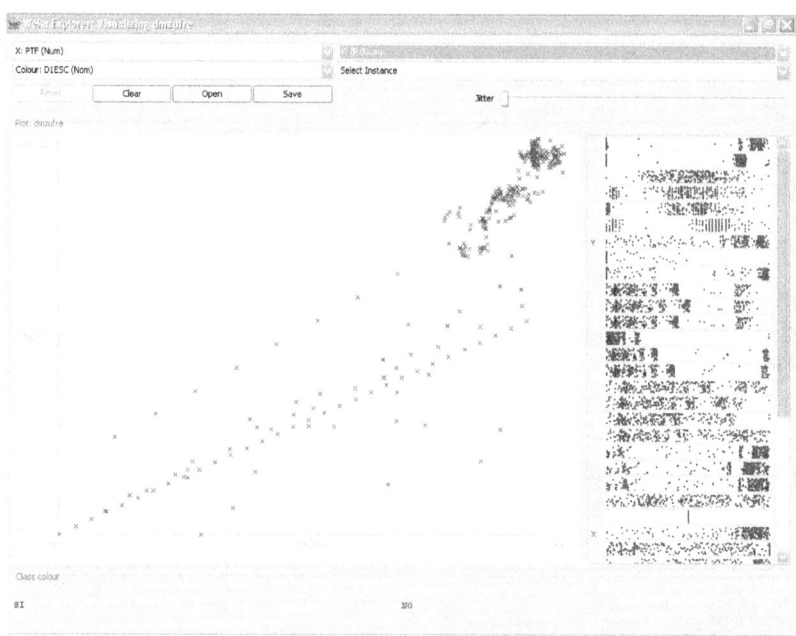

También podemos encontrar datos interesantes si analizamos el atributo HUM (horas desde el último mantenimiento). Este atributo tiene el valor 0 cuando se produce una parada de la central por mantenimiento o por avería en cualquiera de sus modalidades. Su valor se va incrementando conforme la central funciona correctamente y cumple la previsión sin incidencias.

Si relacionamos visualmente HUM, CUM y PA (potencia activa acumulada) vemos que el mayor número de incumplimientos se producen al principio y al final de la actividad de la central, la parada en el período donde la actividad de la central es más estable se produce por mantenimiento y los períodos con mayor cantidad de fallos en la central coinciden con temperaturas ambiente bajas.

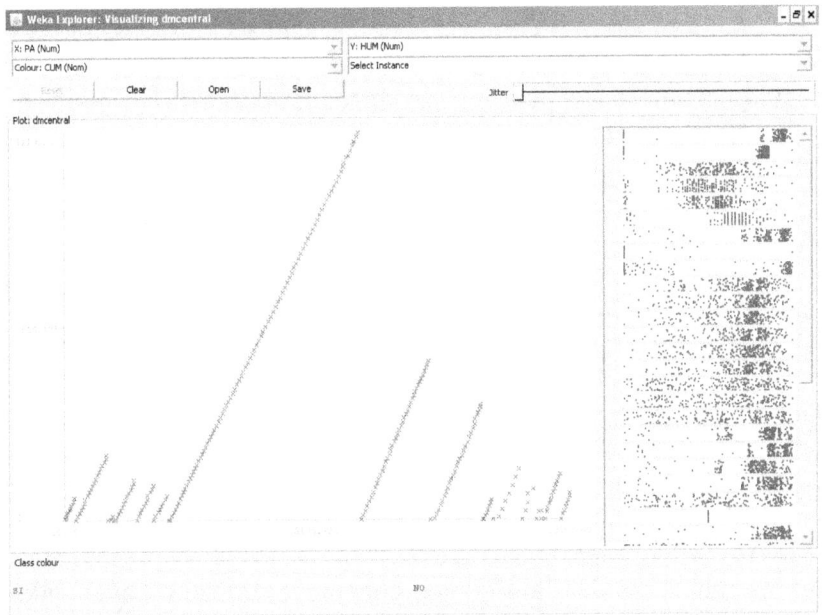

Los desplazamientos del primer y segundo escalón son evidentemente mas frecuentes al principio y al final del período estudiado. Los fallos de comunicaciones son más frecuentes al final del año, y están sobre todo causados por fenómenos atmosféricos.

CONCLUSIONES FINALES

Según el Gartner Group, todas las aplicaciones orientadas a convertir datos en conocimiento para la organización, mediante la transformación de datos en información estructurada para su explotación directa por parte de la dirección se engloban en las denominadas herramientas **Business Intelligence**.

La minería de datos es una herramienta que permite convertir los datos recogidos durante el funcionamiento normal de nuestro negocio en información valiosa. No es una tecnología que suplante a otras, sino que es complementaria y, en muchos casos, se aprovecha de lo que otros mecanismos, como la estadística, puedan aportarle. En el entorno industrial, la minería de datos puede aportar información valiosa sobre la calidad de nuestros productos, el mantenimiento preventivo o la propia optimización de nuestros procesos.

Las herramientas de Data Mining constituyen métodos avanzados para explorar y modelizar relaciones en grandes volúmenes de datos y obtener información que se encuentra implícita; patrones de comportamiento, asociaciones de productos, relaciones entre variables, etc.

La finalidad inicial del proyecto era analizar las posibilidades que nos ofrecen las técnicas de Data Mining para generar conocimiento aplicable a las tareas de mantenimiento condicional, a partir de bases de datos diversas, muchas veces sin conexión aparente entre ellas. El estudio nos ha permitido no sólo detectar anomalías en señales fácilmente reconocibles sino también relacionar atributos sin conexión a priori. Los resultados encontrados han sido lo siguientes:

✓ Se han detectado señales fuera de servicio que no estaban identificadas.

✓ Se han obtenidos 2 ecuaciones que ligan las temperaturas del proceso de refrigeración del generador que implementadas en el SCADA de supervisión nos indicarán si el proceso está o no bajo control.

✓ Se ha obtenido una regla relacionando vibración en ejes con temperaturas en cojinetes que determina en un 50% de los casos el desplazamiento del primer escalón de mantenimiento,

✓ Se ha obtenido una regla que relaciona la temperatura ambiente con altos valores de tensión en la línea de AT de 66 KV y desplazamiento del primer escalón. Ambas reglas se tendrían que validar en períodos sucesivos de funcionamiento de la central.

✓ Se han obtenido relaciones entre variables (en principio obvias) en intervalos definidos que deberían ser estudiadas en profundidad por si aportan algún tipo de información objetiva y útil para el mantenimiento condicional.

✓ Se ha observado que si hay desplazamiento del primer escalón existe un 50 % de probabilidad de que no se cumpla el objetivo de energía programada.

✓ Se ha observado que en un 33% de los días de funcionamiento de la central hay unas condiciones de temperatura y humedad altas debidas en gran parte a la localización de la instalación.

En el proceso de realización del estudio, se han detectado algunas carencias que limitan en gran medida la profundidad de los resultados obtenidos:

✓ Se observa que la falta de información sobre las incidencias dificulta enormemente su análisis. No se profundiza en la causa de las averías o por lo menos no se trasladan a la base de datos de incidencias lo que provoca que se pierda información esencial.

✓ Al optar por analizar datos con valores máximos, orientamos el estudio a la detección de escenarios previos a la generación de un fallo. Los valores máximos no tienen porqué ser sólo consecuencia de la actividad del proceso, también se pueden obtener en situaciones de mantenimiento de señales o en situaciones de avería de los sistemas por lo que, aunque se ha intentado filtrar totalmente estas incidencias.

✓ Para el estudio se dispone de pocos datos, inicialmente 365 registros y tras realizar su filtrado se ha dejado en 282, cuanto mayor sea su número mayor será la información que seremos capaces de obtener.

✓ No disponemos de información procedente de la compañía eléctrica sobre los incumplimientos diarios y su cuantía lo que hace difícil el análisis de las desviaciones respecto a la energía programada.

Por último se realizan varias recomendaciones para mejorar la disponibilidad del sistema:

✓ Según muestran los datos al principio de la actividad de la central, en un período de 1-2 meses, con pocas horas de funcionamiento se producen frecuentes paradas por fallo o mantenimiento. Luego hay una etapa intermedia, con entre 8 y 12 h de funcionamiento diario sin problemas especiales hasta llegar a Agosto - Septiembre en que aumentaron los fallos, sobre todo por fenómenos asociados a la estabilidad de la tensión en la línea de la compañía eléctrica. Al final del año también se incrementan el número de paradas por problemas en la conexión con la red.

✓ Como estrategia de mantenimiento se podrían intensificar los controles de los equipos en su etapa inicial de producción, aumentando la sensorización de la central para aumentar las posibilidades del mantenimiento condicional.

✓ Sería conveniente instalar una línea de comunicaciones redundante para asegurar el enlace con la instalación.

✓ Sería conveniente para siguientes análisis escalonar los valores de vibración en escalas para poder analizar mejor los mismos y enlazarlos con otros datos.

✓ Sería interesante implementar en el SCADA alguna de las reglas obtenidas que afectan a niveles de vibración o intervalos de temperatura en cojinetes y devanados del estator. Previamente sería recomendable validar la exactitud de las reglas en las fases iniciales de funcionamiento de la central.

El mantenimiento predictivo es más efectivo en empresas que han conseguido un alto grado de fiabilidad. Esto no quiere decir que invertir en caras soluciones de mantenimiento predictivo es lo idóneo para todas las empresas.

La fiabilidad de los equipos no está en el software que utilicemos para su análisis, la fiabilidad de los equipos está en el uso inteligente del conocimiento y la información para reducir el MTBF utilizando las técnicas adecuadas.

Si el Data Mining se enfoca en la mejora de la fiabilidad de los procesos realizaremos una buena inversión, sino no deberíamos malgastar tiempo y dinero en ello.

El éxito de cualquier estrategia de fiabilidad depende de la profundidad y precisión de los datos recogidos, como son organizados y categorizados y su aplicación analítica, lo cual facilita la comparación entre atributos del mismo tipo y características.

La forma en que una empresa se asegura la precisión de los datos es midiendo las especificaciones de los equipos, evaluando las condiciones de operación e inventariando cada montaje y desmontaje de las máquinas que intervienen en nuestros procesos productivos.

Por último y como anécdota tampoco hay que exagerar en lo que se espera del Data Mining...

22. BIBLIOGRAFÍA.

- Bangemann T., Rebeuf X., Reboul D., Schulze A., Szymanski J., Thomesse J.P., Thron M., Zerhouni N.. 2006. "Proteus- Creating distribuited maintenance systems through an integration platform". Computers in Industry, Elselvier.
- Campos J. 2009. "Development in the application of ICT in condition monitoring and maintenance". Computers in Industry, Elsevier.
- Candell O., Karim R., Söderholm P. 2009. "eMaintenance – Information logistics for maintenance support". Robotics and Computer-Integrated Manufacturing, Elsevier.
- Crespo M.A., Moreu de L.P., Sanchez H.A.. 2004. "Ingeniería de Mantenimiento. Técnicas y Métodos de Aplicación a la Fase Operativa de los Equipos". Aenor, España.
- Cuadernos de Mantenimiento nº 7. Nuevas Tecnologías de Mantenimiento Predictivo. Asociación Española de Mantenimiento. Aitor Arnaiz, Egoitz Conde. Noviembre 2010.
- Djurdjanovic, D., Lee, J., Ni, J. 2003. "Watchdog Agent—an infotronics-based prognostics approach for product performance degradation assessment and prediction". Advanced Engineering Informatics 17, p.109-125.
- Fumagalli, L., Macchi, M., Rapaccini, M. 2009. "Computerized Maintenance Management Systems in SMEs: a survey in Italy and some remarks for the implementation of Condition Based Maintenance". 13th IFAC Symposium of Information Control Problems in Manufacturing, Moscow.

- Gómez Fernández, J., Fumagalli, L., Macchi, M., Crespo, A. 2008. "A score card approach to investigate the IT in the Maintenance Business Models". Annual 10th International Conference on the Modern Information Technology in the Innovation Processes of the Industrial Enterprises" MITIP 2008. Prague.
- Jantunen, E., Gilabert, E., Emmanoulidis, C., Adgar, A. 2009. "E-maintenance, a means to high overall efficiency". Proceedings of the 4th World Congress on Engineering Asset Management 2009. Greece.
- Jones K., Collis S.. 1996. "Computerized maintenance management systems". Property Management, Vol. 14 No. 4, pp. 33-37.
- Kang Lee, Robert X. Gao, Rick Schneeman 2002. "Sensor network and information interoperatility IEEE 1451 with MIMOSA and OSA-CBM. IEEE Achorage, Alaska 2002.
- Kans, M. 2009. "The advancement of maintenance information technology. A literature review". Journal of Quality in Maintenance Engineering. Vol. 15 Num.1, pp.5-16.
- Kenneth Holmberg, Adgar Adam, Arnaiz Aitor, 2010. E-maintenance.
- Kelly,A. 1984. Maintenance Planning and Control, Butterworths, London.
- Khatib A.R., Zuzhu-Dong, Bin-Qui, Yilu-Liu. 2000. "Thoughts on future Internet based power system information network architecture". Proceedings of de 2000 Power Engineering Society Summer Meeting, Seattle, USA.
- Lee J.. 2004. "Infotronics-based intelligent maintenance system and its impacts to close-loop product life cycle systems". Proceedings of de IMS'2004 International Conference on Itelligent Maintenance Systems, Arles, France.
- Levrat, E., Iung, B. 2007. "TELMA: a full e-maintenance platform" In:
- Levrat, E., Iung, B., & Crespo Marquez, A. (2008, June). E-maintenance: review and conceptual framework. Production Planning & Control , 19 (4), pp. 408-429.

- Mohamed Hedi Karray, Brigitte Chebel Morello. "Towards a maintenance semantic architecture". 2009.
- Muller, A., Crespo Marquez, A., & Iung, B. (2006). On the concept of e-maintenance: Review and current research. Reliability Engineering and System Safety (93), pp. 1165-1187.
- Patton J.D.. 1980. "Maintainability and Maintenance Management". Instrument Society of America, Research Triangle Park, NC.
- Ros Moreno, A. 2010. "Capítulo 33: Mantenimiento industrial. Software informático (1/2)". Disponible en: http://www.mailxmail.com/curso-mantenimiento-industrial-2-3/mantenimiento-industrial-software-informatico-1-2 [consultado 17 de octubre 2010].
- Tsang A.. 2002. "Strategic Dimensions of Maintenance Management.". JQME, 8(1), 7.
- Alonso, C.WEKA: Waitako Environment for Knowledge Analysis. Introducción básica. Departamento de Informática Universidad de Valladolid.
- Berthold, M.; Hand, D.J. (ed) "Intelligent Data Analysis. An Introduction" Springer 2002.
- Dunham, M.H. "Data Mining. Introductory and Advanced Topics" Prentice Hall, 2003.
- Fayyad, U.M.; Grinstein, G.; Wierse, A. "Information Visualization in Data mining and Knowledge Discovery" Morgan Kaufmann, Harcourt Intl., 2001.
- Han, J.; Kamber, M. "Data Mining: Concepts and Techniques" Morgan Kaufmann, 2001.
- Hernández, J.; Ramírez, MJ.; Ferri, C. "Introducción a la Minería de Datos". Pearson Prentice Hall, 2004.
- Hernández, J. y Ferri, C. Introducción al Weka. Curso de Doctorado Extracción Automática de Conocimiento en Bases de Datos e Ingeniería del Software. Universitat Politècnica de València, Marzo 2006.
- Inmon, W.H. "Building the Data Warehouse", John Wiley, 1992.

- Jarke, M. et al. "Fundamentals of Data Warehouses", Springer, 2000.
- Kimball, R et al. "The Data Warehouse Lifecycle Toolkit", John Wiley, 1998.
- Villena, J. Apuntes de la asignatura Inteligencia en redes de Comunicaciones. 5º Ingeniería de Telecomunicación.
- Weka Documentation. The University of Waikato.
- Witten, I. y Frank, E. WEKA.Machine Learning Algorithms in Java. Department of Computer Science. University of Waikato, Hamilton, New Zealand.

www.ingramcontent.com/pod-product-compliance
Lightning Source LLC
Chambersburg PA
CBHW060847170526
45158CB00001B/270